呼和浩特市“席力图召—五塔寺”区段保护与更新城市设计：2018北方四校联合城市设计

Protective and Renovative Urban Design of Zone from the Xilitu Temple to the Five-pagoda Temple in Hohhot: United Urban Design of Four North Universities in 2018

任　震　周忠凯　高晓明　编著

中国建筑工业出版社

图书在版编目（CIP）数据

呼和浩特市“席力图召—五塔寺”区段保护与更新城市设计：2018 北方四校联合城市设计 / 任震，周忠凯，高晓明编著 . — 北京：中国建筑工业出版社，2020.2

ISBN 978–7–112–24671–7

Ⅰ. ①呼…　Ⅱ. ①任…②周…③高…　Ⅲ. ①城市规划 — 建筑设计 — 研究 — 呼和浩特　Ⅳ. ① TU984.226.1

中国版本图书馆CIP数据核字（2020）第022148号

责任编辑：何　楠　徐　冉
责任校对：王　烨

呼和浩特市“席力图召—五塔寺”区段保护与更新城市设计：2018北方四校联合城市设计
任　震　周忠凯　高晓明　编著

*

中国建筑工业出版社出版、发行（北京海淀三里河路9号）
各地新华书店、建筑书店经销
北京点击世代文化传媒有限公司制版
天津图文方嘉印刷有限公司印刷

*

开本：889 × 1194毫米　1/20　印张：6⅗　字数：184千字
2020年10月第一版　2020年10月第一次印刷
定价：79.00 元

ISBN 978-7-112-24671-7
（35199）

序言

作为北方四校联合城市设计系列教学活动的第三个设计课题，本次城市设计的研究对象“席力图召—五塔寺”，位于内蒙古呼和浩特市“古归化城”范围内，区段内历史文化悠久，人文景观十分丰富。与许多中国北方城市相似，随着多年大规模的旧城改造，虽然地块内的历史街道及建筑群得到了较好的保护，但古城的古民居已荡然无存；古城风貌遭到很大程度的破坏，特有的空间尺度已渐渐消失。

本次设计汇聚了各校教学经验丰富的中青年教师及优秀的建筑学专业四年级学生，在为期两个月左右的紧张教学及交流汇报过程中，结合前期调研、中期汇报及最终汇报的工作节点，高质量地完成了整个联合设计教学。各校师生对设计研究范围地块的区位、街区现状与周围环境深入分析，定位现状问题，明确保护与更新设计策略，综合考虑片区整体功能定位，人口构成与行为活动特征，自上而下地对街区空间结构、重要节点与公共空间设置，道路系统，景观系统，建筑容量及高度控制，历史建筑保护利用等相关要素内容，进行研究与设计。

回顾整个设计教学过程，面对有重要历史意义的城市街区，各校学生在城市设计的分析角度、思考过程及设计手法上，存在差异却也各有特色——有的学生更加注重理性的分析和推导，对于城市的历史文化意义，试图充分展示空间特质的逻辑性和易解性，设计过程体现了严谨与理性；有的学生更加注重设计者主观的经验与感受，往往抓住某一概念点，以理想的状态自由推进并主导整体设计过程。作为本科教学课程的城市设计与现实中“可实现的详细规划过程”存在差异，城市生命的成长在很多情况下是随机的，作为城市生命成长过程的一个部分，唯有不停地为城市的成长激发动力，城市设计才能为城市发展起到真正的助推作用。

感谢本次课题主办方内蒙古工业大学建筑学院师生的辛勤组织工作，更感谢四所学校师生们的热情参与和努力设计，因为大家的共同努力，保证了高质量的设计过程及成果的实现。本书编写过程中，感谢中国建筑工业出版社何楠老师、徐冉老师的修改指正。

本书的编撰和出版，受“山东省一流学科”建筑学、山东省自然科学基金项目（ZR2019PEE037），山东省艺术科学重点课题（QN201906080）的资助和支持。

目录

1. 设计回顾

PROCESS REVIEW

1.1 设计进程

2018.04.23

收集资料

开题调研

2018.04.28

调研成果汇报

2018.05.02

初步设计

5.2 ~ 5.4

课题深入分析研究，提出基本设计理念和总体构思策略。

5.7 ~ 5.11

确定详细设计地段范围与设计目标，通过草图进行多方案构思比较。

2018.06.02

中期成果汇报

5.14 ~ 5.18

研究地块城市要素各层面设计，绘制总体及各系统分析图、设计草图；详细设计地块的初步方案，提出总平面和体块草图、工作模型。

2018.06.04

2018.07.07

5.21 ~ 6.1

完善设计研究地块各层面设计，形成较成熟的整体设计思路；确定详细设计地块的总图框架，形成较明确的空间形体、体块模型。

方案深化

6.4 ~ 6.8

整体方案调整与深化，着重城市空间设计。

6.11 ~ 6.15

深化城市空间要素各层面设计，着重建筑群体整合与形体设计，贯彻整体设计思路，控制主要技术指标。

6.19 ~ 6.22

街区重点地段深入设计，街道院落空间深入推敲，塑造特色空间。

6.25 ~ 6.29

深化城市空间设计、建筑形体与场地设计、城市景观与环境设施设计。

7.2 ~ 7.6

深化设计表达，完成全部设计图纸、说明及成果模型。

终期成果汇报

1.2　设计任务书

呼和浩特市“席力图召—五塔寺”区段　保护与更新城市设计

教学年级：建筑学四年级下学期（春季）
教学时间：2018 年 4 ~ 7 月

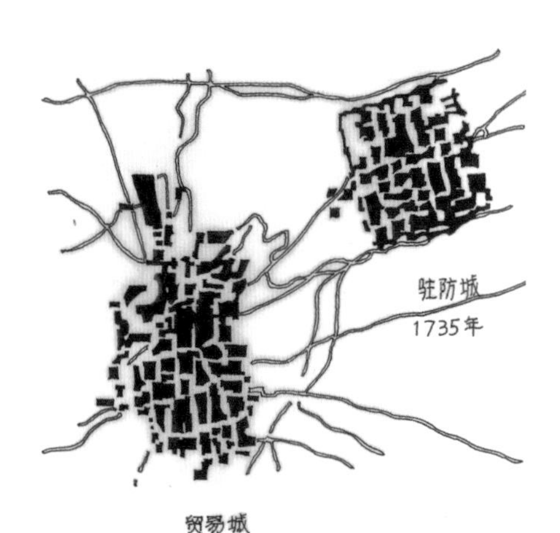

1949 年前呼和浩特市城区图

“一街两城”格局示意图

一、教学目的与要求

1. 教学目的

1）通过城市设计理论学习，充分了解和掌握城市设计的基本概念和思考方法、城市空间要素与设计的基本内容，树立全面整体的城市设计观念，提高城市设计理论和实践水平；

2）通过城市设计实践，掌握城市设计基本内容、方法和工作程序，训练城市设计调研分析与设计技巧，提高分析解决城市场所问题的能力和城市空间设计能力；

3）学习在城市设计导则及相关的城市规划要点的基础上，如何正确地并有创造力地设计群体建筑形态；

4）从建筑学的视角出发，关注单体建筑如何与城市建立宏观、中观与微观层面的综合联系；

5）通过呼和浩特市“席力图召—五塔寺”区段的保护与更新城市设计，探讨城市街区保护更新与发展课题中的关键问题与解决途径；

6）加强对任务所在地段的城市历史文化的研究与关注，从中发现有特色和有价值的设计理念，并具体应用于实际的方案设计中。

2. 教学要求

要求掌握的内容具体通过理论学习 + 过程指导来完成：

（1）理论授课

在课程开始阶段和过程中进行系统完整的城市设计理论授课，重点讲授城市设计的基本概念、研究基本要素、分析解决实际问题的方法与流程，结合中外城市设计经典案例进行分析，包括城市历史街区保护更新设计的典型案例分析。

（2）设计过程指导

使学生掌握科学的城市设计调研分析方法，对项目背景、环境进行全面深入的调查，并作出客观评价；收集现状资料，对调查资料数据进行整理分析归纳总结，发现问题，思考解决问题的途径，形成调研成果。

1）学习城市设计构思方法。在实地调研基础上，对环境现状问题进行综合分析研究，提出基本设计理念和策略，通过分析图、设计草图与工作模型进行多方案构思与比较。

2）掌握城市空间要素设计。在构思基础上，对设计地块的土地利用、功能定位、交通组织、空间结构、建筑形态、城市景观等方面展开各层面设计。

3）着重城市空间设计能力训练。从城市整体视角考虑城市空间形态、建筑群体关系的整合，注重城市开放空间设计，把握好街道与院落空间尺度。

4）理解城市设计中建筑个体、群体与城市环境的整体关系，并对建筑个体和群体作出合理的布局和设计，注重外部空间设计，做好场地设计。

5）注重对城市地域特征的分析和提炼，增强对城市文化的认知能力，探讨在城市发展中如何延续历史街区空间肌理和历史风貌，并为其注入新的内涵。

6）掌握城市设计各阶段成果的表达方法，提高综合运用文字、图形、计算机辅助等手段表达设计思想的能力，清晰、全面、熟练、规范地表达设计内容。

（3）成果评价

对课程中各阶段的成果进行总结与评价，包括三个阶段性成果的集中汇报、点评与答辩，达到相互交流、设计总结、成果检验的目的。

二、项目概况与设计范围

1. 区段概况

呼和浩特建城历史至今已有2300余年，1986年被国务院公布为(第二批）国家历史文化名城。明清时期，呼和浩特地区最著名的城市，是明代的归化城和清代的绥远城。到了清代末期，绥远、归化两座城形成了东西相望的城市格局，中间由一条大道将两城市连接，这条大道西起归化城北门，东至绥远城的西门，街道两旁商业发达，人流密集，从而形成“一街两城”的格局，并最终奠定了呼和浩特市城市发展的基础。

归化城，位于今呼和浩特市西南的玉泉区境内。万历九年（1581年），阿勒坦汗和他的妻子三娘子在这里正式筑城，城墙用青砖砌成，远望一片青色，“青城”之名由此而来。呼和浩特也有“召城”之称，有“七大召、八小召、七十二个免名召”的说法。“归化城”即以召庙为核心，总体上采取自由式布局手法。召庙前一般设有集贸市场，商业和手工业也非常发达。而建于清代的军事驻防城——“绥远城”则仿照北京城的形制经统一规划而建，形成典型的“坊制”格局。

本区段主要位于“古归化城”范围内，席力图召—大盛魁（圪料街）历史文化街区大部分均位于本区块内，同时地块西侧隔大南街与塞上老街——大召历史文化街区相邻。地块内的席力图召、五塔寺和小召牌楼是全国和内蒙古自治区重点文物保护单位，地块周边则有大召、乃美齐召（隆寿寺）、大盛魁、观音庙等，区段内历史文化悠久，人文景观十分丰富。

在近几年的改造修缮工程中，席力图召、五塔寺、大召、塞上老街等历史建筑群的传统面貌得到了较好的保护和恢复，同时，新建了九久街、大盛魁文创园等商业街区，对旅游业的发展起到了较大的作用。但是，随着多年大规模的旧城改造，古城的古民居已荡然无存，古城风貌遭到很大程度的破坏。尽管已尽量保持了原有的老城格局，但特有的空间尺度已经渐渐消失。因此，2017年，政府对区段内南北主轴线——大南街两侧的沿街建筑进行了与传统风格相协调的立面改造，为本区段的历史风貌保护做出了初步努力和尝试。

2. 设计研究范围

本次城市设计研究范围东起石羊桥路，西至大南街，北起大东街，南至东、西五十家街和五塔寺南街，片区总用地面积约54.05hm^2。

三、任务要求

设计工作以小组形式进行，每4～5人一组。

通过对呼和浩特市“席力图召—五塔寺”区段的城市设计，借以探讨如何在城市的快速发展中延续城市传统空间肌理和为其自我更新注入新的活力；除加深城市设计中有关城市保护与更新的内容以外，设计还着重于训练从城市整体角度出发考虑城市空间形态、建筑群体关系的整合及功能的定位，以及土地利用、交通组织、城市景观、建筑形态等多方面要求，得到对复杂城市地块城市设计处理能力的锻炼。

1. 调研工作内容

1）呼和浩特市发展的历史沿革；
2）“席力图召—五塔寺”区段在城市历史及未来发展中的地位和作用；
3）绘制所选地块现状空间结构简图；
4）片区内建筑质量与历史风貌评价；
5）片区空间特征与建筑形态元素的提炼；
6）周边对片区发展有影响的要素分析；
7）对现状内存在问题的梳理、分析；
8）对国内外相关案例资料的收集；
9）提出初步的设计目标和构思意向。

2. 设计工作内容

对于设计研究范围地块，分析其区位、街区现状与周围环境，找到目前存在的问题，明确保护与更新设计思路，同时考虑片区整体功能定位、人口构成与行为规律、街区空间结构、重要节点与公共空间设置，道路系统、景观系统、建筑容量及高度控制、历史建筑保护利用等，进行相关的城市要素研究与设计。

各组根据各自的设计研究，在研究地块内选定一地段范围进行详细设计，面积规模在10hm^{2}左右（不应包含文物保护建筑范围用地面积），可以是街道围合的块状地段，也可以是沿街区道路的带状地段与街坊结合的不规则用地。在上位设计研究的基础上，深入分析该地段在街区中的定位、具体功能需求、建筑体量、空间形态，确定该地块规划指标，进行地块总体设计，包括总平面布局、建筑群体组合、街道与院落空间、沿街立面、场地设计等，合理利用地下空间。

3. 设计要求

(1) 合理定位，提升城市功能需求。

在尊重城市及地段原有功能特色的基础上，营造富有现代气息和地域特色的居住、办公、商业、餐饮、文创产业等功能场所，激发街区活力。

通过详细调研工作，在合理确定地块内的教育、医疗和公厕等公共服务设施的配置数量的前提下，可以对现有公共服务设施进行改造。

(2) 尊重原有街巷格局和传统风貌，保护与更新相结合。

拆除违章建筑，对影响历史文化街区风貌的建筑进行合理更新或改造，控制建筑容量与高度，把握街巷、院落尺度，整理景观视廊，塑造特色街区空间。对文物保护单位周边的建筑整治应延续传统风貌，保持对历史建筑的尊重。其他建筑形式与色彩应体现呼和浩特市传统风格，又富有现代特色。

(3) 引入“开放街区”和“城市修补”的理念，满足居民生活和公共活动的需要。

鼓励打开封闭社区，大力拓展城市公共空间，提高城市空间的开放性。完善公园、广场、绿地系统及生活配套服务设施的建设。建立城市步行和自行车系统，加强城市居民公交出行，适当增加老旧城区停车位供给。

(4) 技术指标：地块容积率、建筑密度、建筑间距、日照标准、建筑退线、建筑高度、道路系统（包括机动车和人行道）、停车位等技术指标根据规划设计方案合理确定，并参照《呼和浩特市城乡规划管理技术规定》。

(5) 整体城市设计可参考《呼和浩特市历史文化街区保护规划》等相关规定。对用地内部文物的保护及利用须满足相关部门的文物保护要求。

1.3 过程回顾

开题调研

2018.04.23 呼和浩特

4 月的呼和浩特，初春的寒意仍未消散，北方四校的师生从各地汇集于此，开始了紧张充实的调研工作。位于呼和浩特古城范围内的“席力图召—五塔寺”区段，最能代表城市的历史人文特色。在 6 天紧张忙碌的调研工作中，同学们白天分小组实地勘察，晚间集中整理数据资料、开会讨论并绘图，对设计地块的历史沿革、空间结构、现状环境风貌及交通等问题，进行了细致梳理分析并结合相关案例研究，提出了初步设计目标和意向构思，圆满完成了调研成果的汇报工作，保证了之后城市设计工作的顺利开展。

中期成果汇报

2018.06.02 济南

相隔一个月的时间，各校师生带着半程工作的丰硕成果，汇聚泉城济南，集中展示并汇报城市设计的中期成果。在前期调研成果的基础上，各校设计团队系统解析了基地的现状问题和潜力，进一步明确了总体设计理念和构思策略，通过多方案比选，深入到地块的空间类型、人群行为方式、街巷空间尺度、建筑要素特征、场地环境特质等各个层面，形成了设计的初步方案，从不同视角对基地及其周边的更新发展模式及改造方式提出了富有创造力的解决方案。中期成果的交流汇报，师生互动，深度沟通设计思想，为下一阶段输出高质量最终成果奠定了扎实的基础。

终期成果汇报

2018.07.07 烟台

两月有余的城市设计工作接近尾声，各校设计团队最终齐聚烟台，于烟台大学进行此次城市设计工作的最终成果汇报。清凉的海风吹散了忙碌的设计工作带给四校师生的紧张疲惫。同学们难掩兴奋与热情。实体模型、多媒体动画演示，大家各显身手。同学们通过丰富多样的形式表达最终设计成果。不同设计团队从不同视角，自上而下、由外至内对建筑形态与场地环境关系、重要节点空间特色塑造等方面内容进行了全面解读和推敲，而各校评委老师给出的精彩点评更是让各校同学受益匪浅。

完美收官，期待来年！

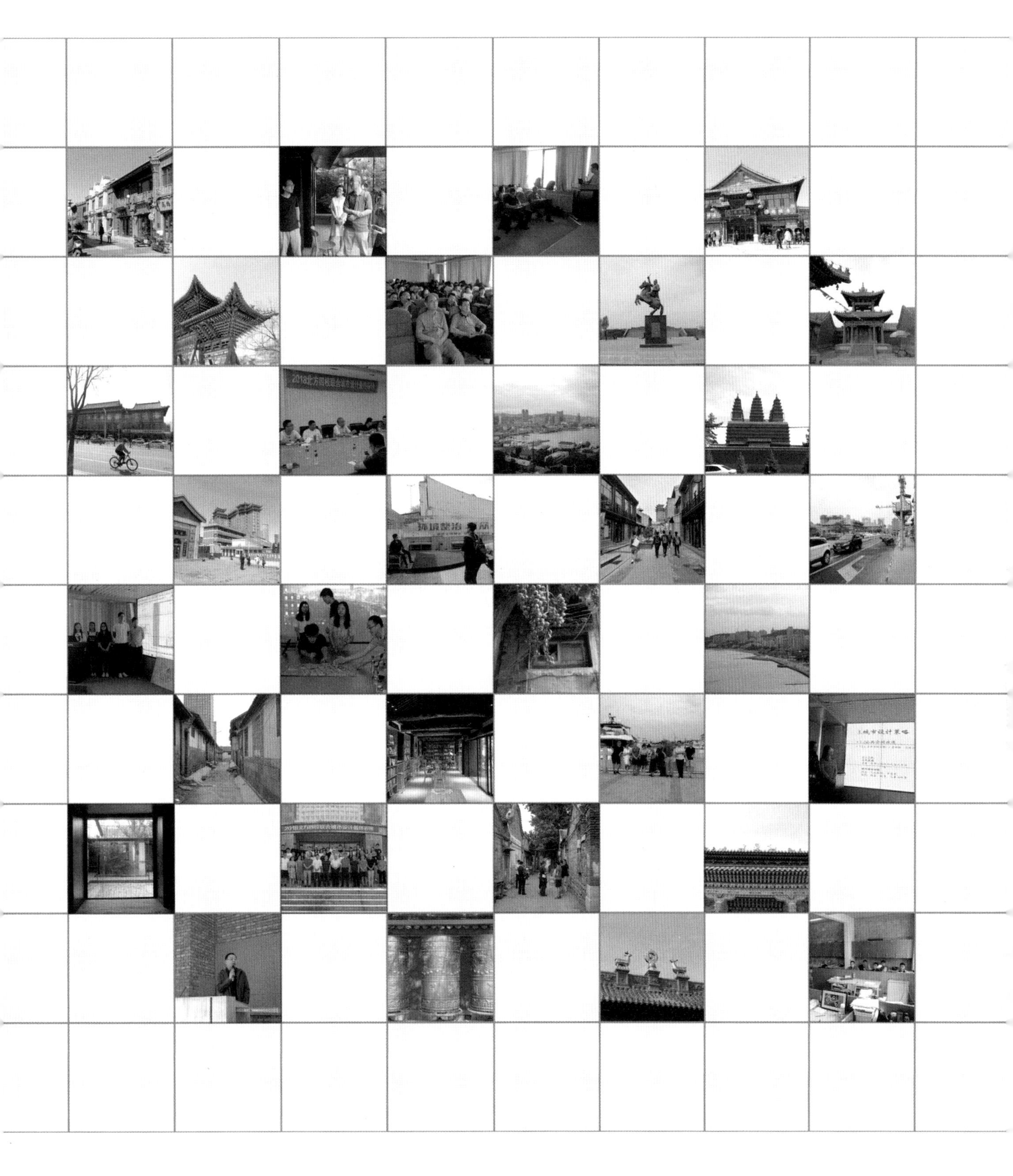

2. 设计背景解读

BACKGROUND ANALYSIS

2.1 项目背景

呼和浩特位于内蒙古自治区中西部，地处东经 110° 46′ ~112° 10′，北纬 40° 51′ ~41° 8′，市区位于北纬 40.48°，东经 111.41°，位于大青山南侧，西与包头市、鄂尔多斯市接壤，东邻乌兰察布市，南抵陕西省。全市总面积 17,224km^2。

1. 基地区位

本次城市设计研究范围东起石羊桥路，西至大南街，北起大东街，南至东、西五十家街和五塔寺南街，片区总用地面积约 54.05hm^2。

本区段主要位于“古归化城”范围内。席力图召—大盛魁（圪料街）历史文化街区大部分均位于本区块内。同时地块西侧隔大南街毗邻塞上老街——大召历史文化街区。区段内历史文化悠久，人文景观十分丰富。

在近几年的改造修缮工程中，席力图召、五塔寺、大召、塞上老街等历史建筑群的传统面貌得到了较好的保护和恢复，同时，新建了九久街、大盛魁文创园等商业街区，对旅游业的发展起到了较大的作用。但是，随着多年大规模的旧城改造，古城的古民居已荡然无存，古城风貌遭到很大程度的破坏。尽管已尽量保持了原有的老城格局，但特有的空间尺度已经渐渐消失。因此，2017 年，政府对区段内南北主轴线——大南街两侧的沿街建筑进行了与传统风格相协调的立面改造，为本区段的历史风貌保护做出了初步努力和尝试。

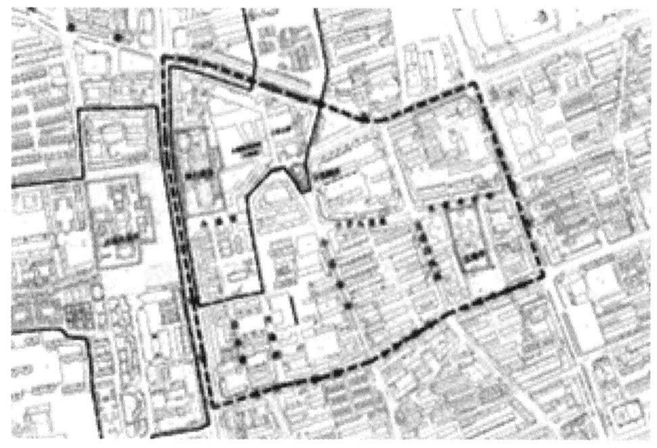

2. 人口分析

玉泉区及回民区人口增长平缓，新城区及赛罕区人口增势相对较强。

呼和浩特 65 岁以上人口比例为 8.8%，属于老年型社会，缺乏青壮年劳动力。

全市常住人口中，汉族人口为 2498647 人，占 87%；蒙古族人口为 285969 人，占 10%；其他少数民族人口为 81999 人，占 3%。

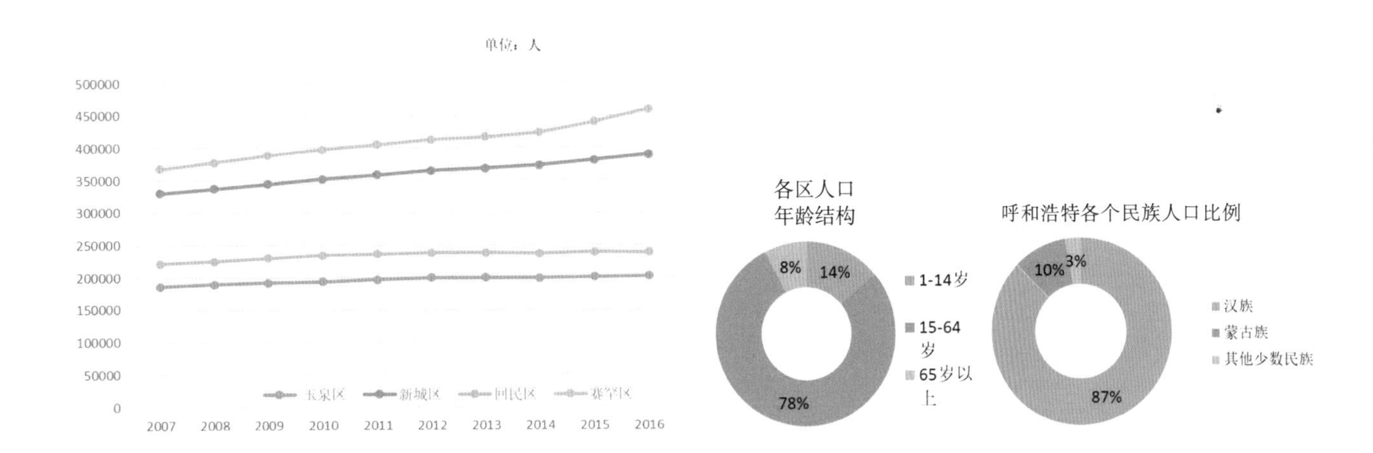

3. 产业结构

第一产业和第二产业逐年环比下降，第三产业逐年增长。呼市产业结构在稳定地向服务业增长。交通运输、仓储和邮政业、批发和零售业、住宿和餐饮业、金融业、房地产业分别是第三产业中增加值较多的。

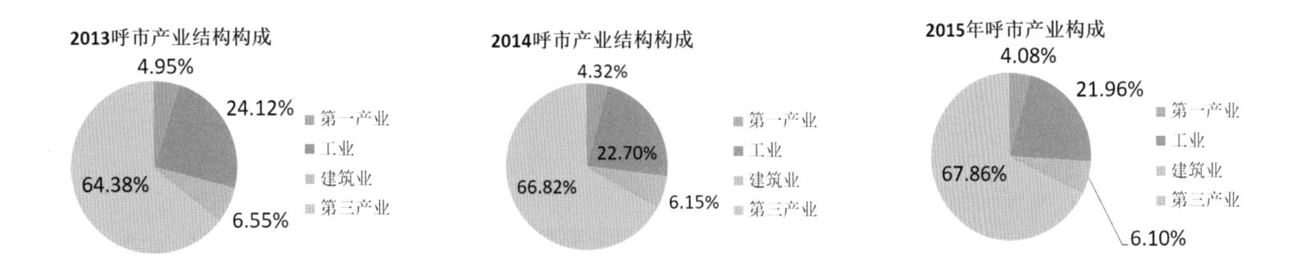

4. 历史沿革

城市形态不仅是城市各组成部分有形的表现和城市用地在空间上呈现的几何形状，还体现了一种复杂的经济、文化现象和社会过程。呼和浩特已有2300多年建城史，旧城（归化城）建于明万历年间，距今已有400多年历史。

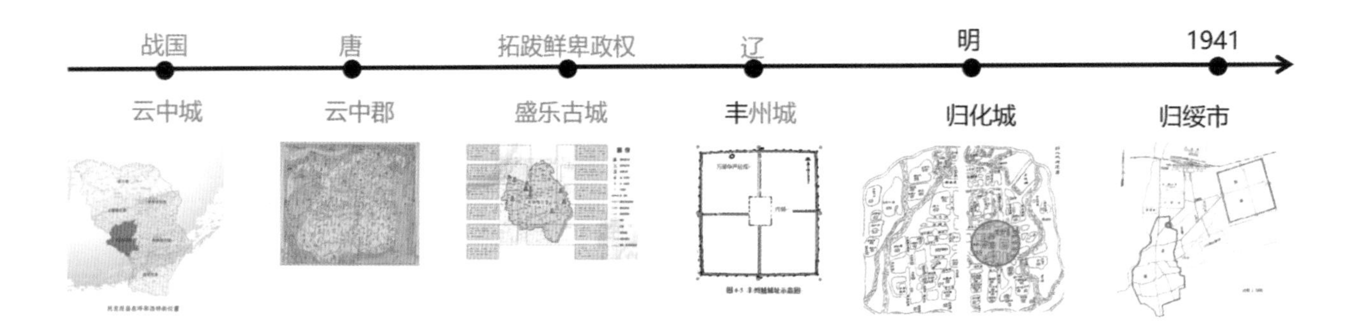

5. 宗教文化

呼和浩特有7种宗教：藏传佛教、汉传佛教、道教、伊斯兰教、天主教、基督教和东正教。各民族中，信仰伊斯兰教的民族主要是回族，还有维吾尔族、哈萨克族、柯尔克孜族；信仰天主教的民族主要是汉族；信仰东正教的主要是俄罗斯族；信仰汉传佛教的主要是汉族；信仰藏传佛教的主要是蒙古族，藏族、土族、裕固族、门巴族等民族也有信仰藏传佛教的。

五塔寺

席力图召

大召寺

6. 地域文化

呼和浩特作为内蒙古的首府，其餐饮特色别具风味，如蒙古奶食品、蒙古奶酒、蒙古手把肉、蒙古面点等。呼和浩特的饮食基本以北方饮食为主，饮食文化中吸收了蒙古族和回族的做法、吃法，极具代表性的是蒙餐。回民小吃在市内也很流行，伊斯兰风情街路东有一条回民小吃街，里面有烤羊肉串、烧卖、羊杂碎等，令人流连忘返。

烧卖

马奶酒

羊肉串

呼和浩特文化是一种典型的游牧文化与农耕文化的结合体，再加上现代文明的影响，文化历史遗迹无一不体现北方民族特有的朴实、豪放、大气的特征。有专门的蒙古语学校、歌舞艺术表演团队乌兰牧骑，还有民族服装表演等，非常有特色。蒙古族典型的乐器马头琴奏出的悠扬乐曲，伴随蒙古族歌手高亢、低回的歌声，使人回味悠长。

蒙古刀

那达慕大会

昭君文化节

2.2 物质空间

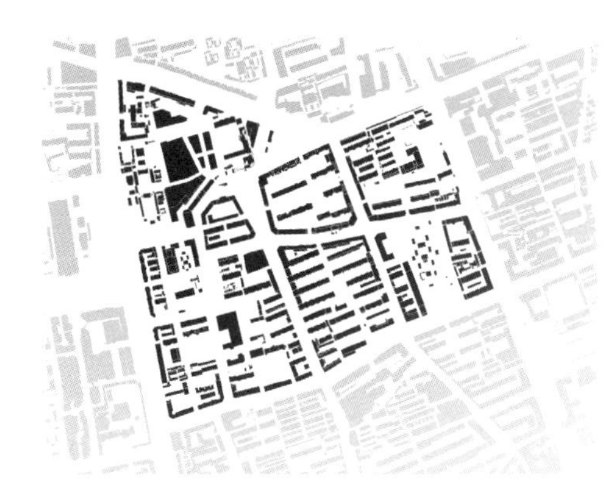

1. 空间肌理

随着经济的快速发展和科学技术的长足进步，呼和浩特进入了城市发展加速时期，城市建设日新月异，城市密度和规模加大。

基地中部建筑密度较低，为用地内较适宜居住的用地。东西两侧建筑密度较高。建筑体量较大而不符合城市肌理的包括大盛魁商业街、批发市场、玉石古玩城。

2. 街巷尺度

“当我们想到一个城市时，首先出现在脑海里的就是街巷。街巷有活力，城市就有生机；街巷闭塞，城市也就沉闷”。

城市街巷空间构成了城市最重要的组成部分，人们依靠街巷通勤、交流、购物、休闲等。街巷空间的设计体现了内涵丰富的城市自然及人文景观，突出了城市的特征和活力。

基地内各个街块排布无规律，街块形状和大小不一，不同于北方传统棋盘式布局的老街区。小面积街块数量较多，主要分布在西北角和东南角，中大面积街块分布平均，但过大面积的街块不便于利用。基地街块形状不均质，地块使用效率低。

3. 肌理体量

基地内主要以多层和中高层建筑为主，高层较少，视野辽阔。

地块内还是以住宅区为主，占地面积达到 50%，景区的限制地块内并无太高的住宅楼出现，基本都是 6 层及以下。基地内新建大盛魁文化创业园，成为本基地的商业中心，其余的商业均以住宅底商的情况出现，满足住宅楼的需求。

基地内由于历史及其他原因，建筑情况较为复杂，建筑的性质和立面造型种类较多，同时居住建筑的形态随着片区的演变变化较大且缺少合理的规划。基地绿地面积约为 43588.5m^2，算出基地绿地率约为 8%，基地绿化率较低。地面硬化率很高，广场占比却很小。

4. 肌理容量

建筑密度较为合适，建筑占地面积约 148201.6m²，建筑总面积约 729671.5m²，容积率为 1.68。基地绿化率较低，基地绿地面积约 43588.5m²，基地绿地率为 8%。地面硬化率很高，广场占比却很小，广场面积约 26153.1m²，地面硬化率为 64.5%。

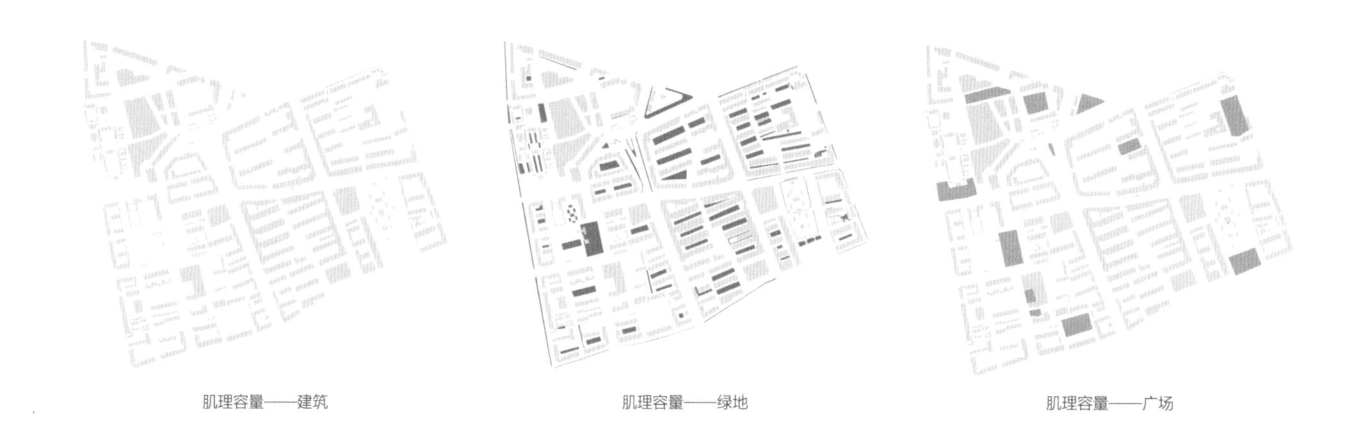

肌理容量——建筑　　肌理容量——绿地　　肌理容量——广场

5. 历史建筑

1）大召寺

大召寺是中国内蒙古呼和浩特玉泉区南部的一座大藏传佛教寺院，属于格鲁派（黄教）。

2）席力图召

席力图是蒙古语，意为“首席”或“法座”，汉名“延寿寺”，寺庙因四世达赖的老师第一世席力图活佛长期主持此庙得名。

3）五塔寺

五塔寺位于内蒙古呼和浩特市，以寺后有五塔而得名。原为慈灯寺，五塔只是慈灯寺中的一座佛塔，始建于清朝。

4）小召牌楼

小召建于明朝天启年间，牌楼建于清朝雍正年间，是小召遗存，宫廷殿式木构建筑，三间四柱，十三踩如意重昂，是清代牌楼建筑中不多见的一种形式。

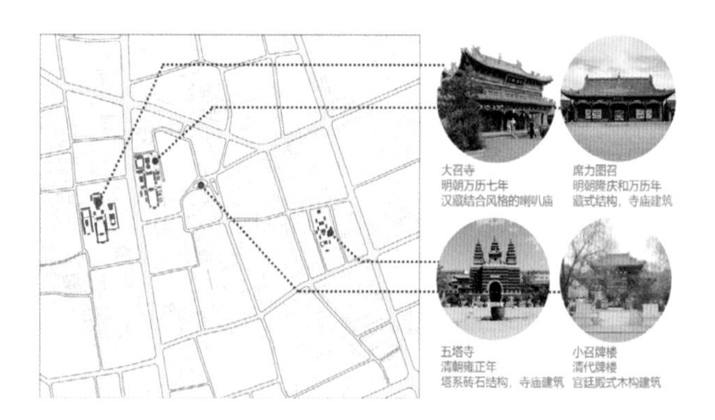

6. 建筑类型

公共服务相对集中在基地西侧，主要是学校、医院；其原因可能是受景区影响，东侧区域相对缺少公共服务功能。地块内以住宅区为主，占地面积达 50%，由于景区的限制地块内并无过高的住宅楼出现，并且景区旁住宅基本都是 6 层及以下。基地内新建的大盛魁文化创业园，成为本基地的商业中心，其余的商业均以住宅底商的情况出现，满足住宅楼的需求。

公共服务分布

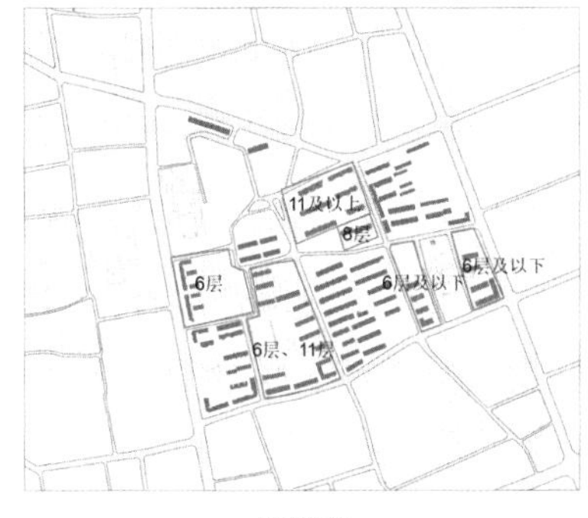

住宅分布

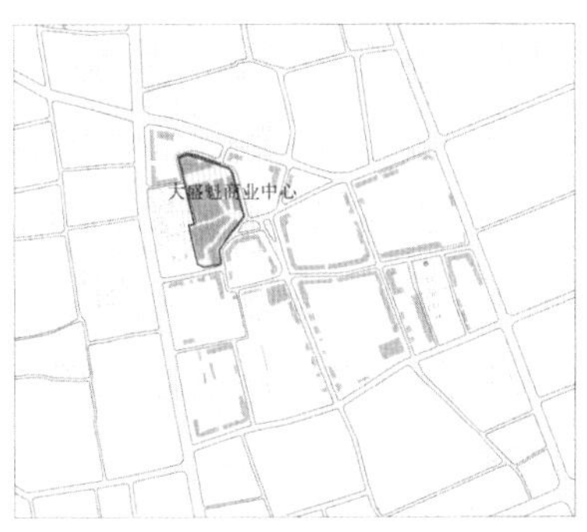

商业分布

7. 建筑质量

基地内主要以质量中等的居民住宅和商业商铺为主，其他类型较少，建筑密度较为适中。质量较高的建筑主要集中在基地西北角，外围商铺围合内部住宅。基地内散落质量较低的废弃建筑。

建筑质量高

建筑质量中等

建筑质量低

8. 公共空间

基地内开放绿地广场比重较小，应适当提高。半私密空间的应用模式并不能发挥绿地广场的作用，应做适当改变。私密空间比重太大，在条件允许时，可以对外开放。应重新规整道路、人行、绿化、停车的关系，使街道尺度更加宜人。

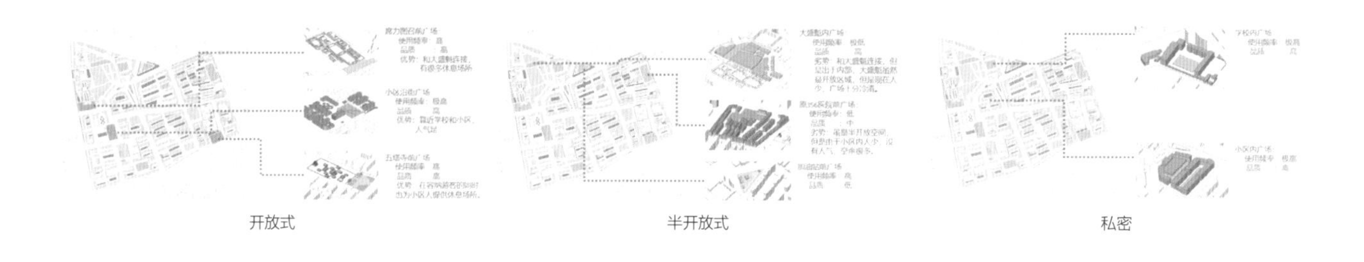

开放式　　半开放式　　私密

9. 空间节点

（1）席力图召前广场

席力图召前广场人流量较小，其四周是以大盛魁为主的商业，主营较大规模的餐饮和小商品批发，可见其服务对象主要为本地居民。

席力图召前广场停车量多且杂乱，严重影响了广场的人群集散及人与人之间的交往。大盛魁商业区建设完善，与四周环境相协调，但人流量很少。其内部有一广场，据走访得知只有在特定日期会用于庙会等活动，平日使用率较低。从大盛魁北区来到广场，可见席力图召大殿高顶。

（2）石头巷

石头巷历史悠久，与席力图召有着紧密的联系，是藏传佛教教徒前往席力图召的必经之路，但现状较为混乱，街道两旁建筑类型多样且风格差异巨大，历史缺失严重。

(3) 批发市场

批发市场西邻席力图召、商业区和居住区之间，主要业态为小商品批发售卖，但内部空间布局混乱，品质较低。

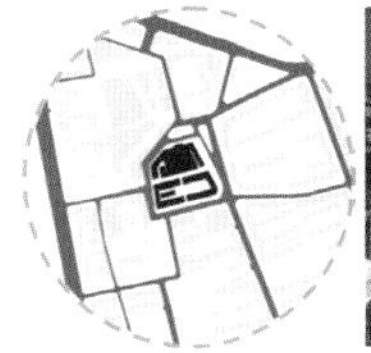

(4) 小召小学

小召小学前为交叉路口，交通较为混乱，在上学放学期间交通压力巨大。

(5) 烧卖一条街

烧卖一条街建筑立面古香古色且风格统一，路宽 26.4m，两旁停车量较多，客流量较少，业态不景气。

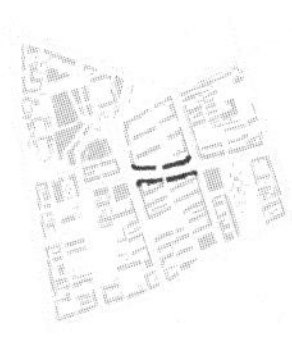

(6) 五塔寺前广场 & 文玩一条街

五塔寺前广场现为周围居民休闲娱乐聚集地，老人较多，但没有座椅和娱乐设施，居民活动受限。

文玩一条街建筑造型风格与烧卖街相似，与周边协调，已形成较为完整的业态。

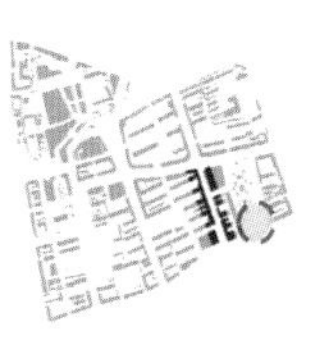

(7) 武警医院

武警医院现完全废弃，区域面积较大且北靠七彩城购物广场，东北方向为青城公园，东靠蒙西文化中心，直面呼市新城区，区位价值大。

2.3 道路交通

1. 交通联系

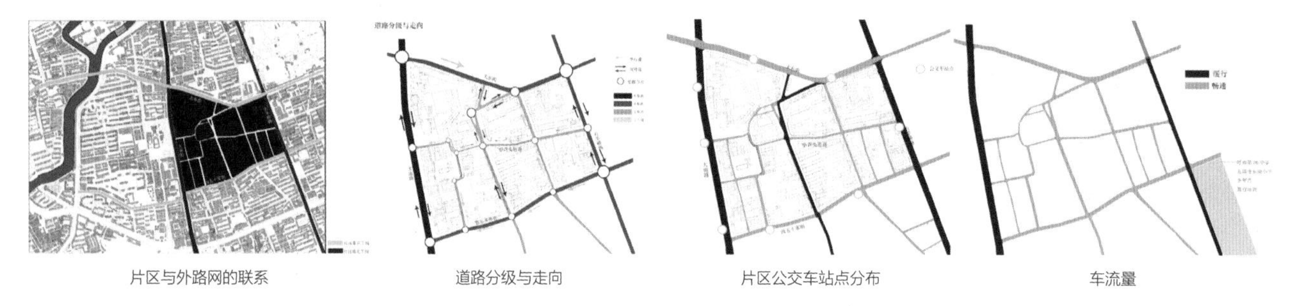

片区与外路网的联系　　道路分级与走向　　片区公交车站点分布　　车流量

2. 分时段道路拥堵状况

1）小召前街由于小召小学上下学，中午比较容易发生交通拥堵，并且容易对学生造成危险。

2）大南街北侧由于聚集快餐餐馆，中午晚上容易拥堵，并且在早高峰和晚高峰时期时常拥堵。

3）小召头道巷由于两侧为传统餐饮行业，中午和傍晚较为拥堵。其他时间车辆较少，可以进行分时交通限行。

4）石头巷、西五十家街由于市六中和石头巷小学较容易造成交通拥堵。

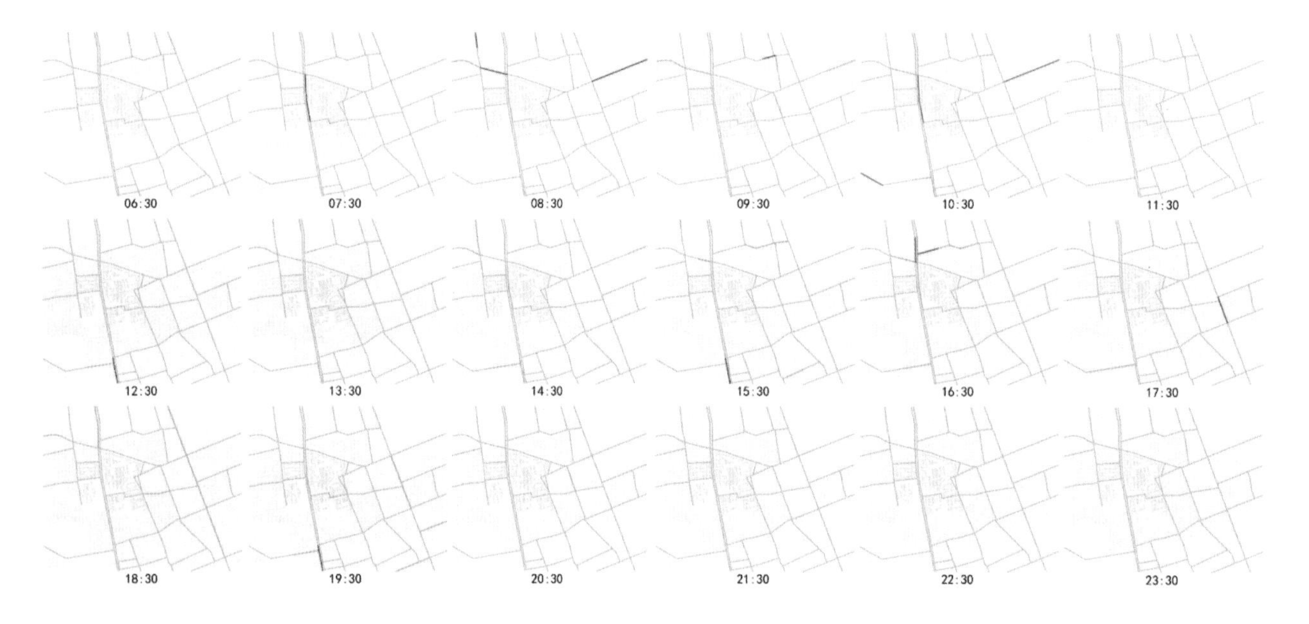

3. 停车

席力图召停车密度最大，场地中部停车密度分布均匀。其作为内部街道仍然停车数量极大。小召头道巷较特殊，外来车辆混杂，甚至进入居住区内部。片区内停车数量较少，停车位多划分于沿街路旁。

4. 道路断面

城市外围街道除东侧靠近文化大厦处单侧极高，其他街道都较空旷，利于形成向外扩张的开口。街道尺度适宜车行而不适宜人行及活动。南北向街道建筑物较高，道路宽较窄，界面较封闭，宜作为内部社区级别的自主服务道路，而非对外开放。东西向小召头道巷及五塔寺后街界面尺度适宜行人漫步，控制停车之后可产生更多的公共活动空间及丰富的街道空间。

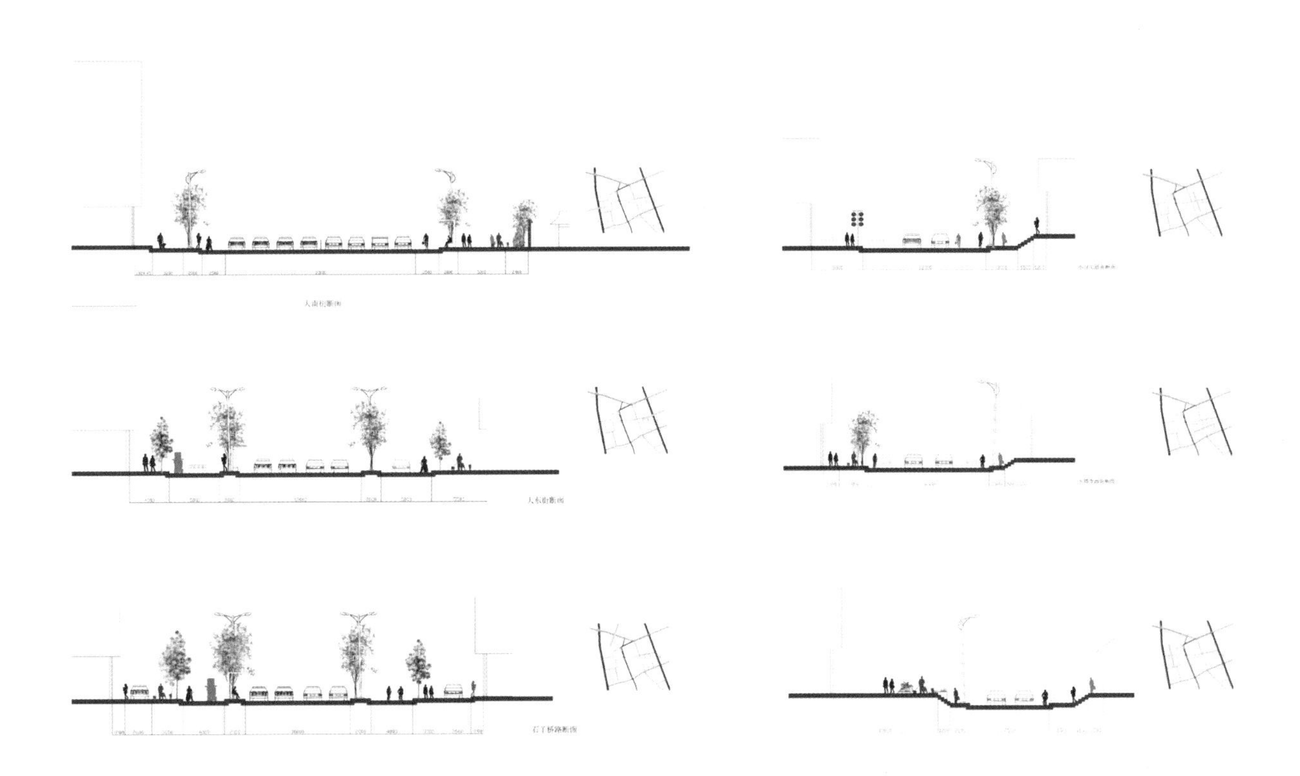

3. 设计成果

FINAL PRESENTATION

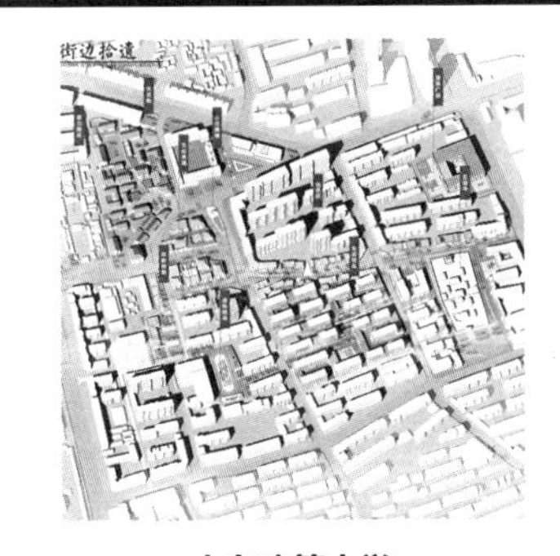

山东建筑大学

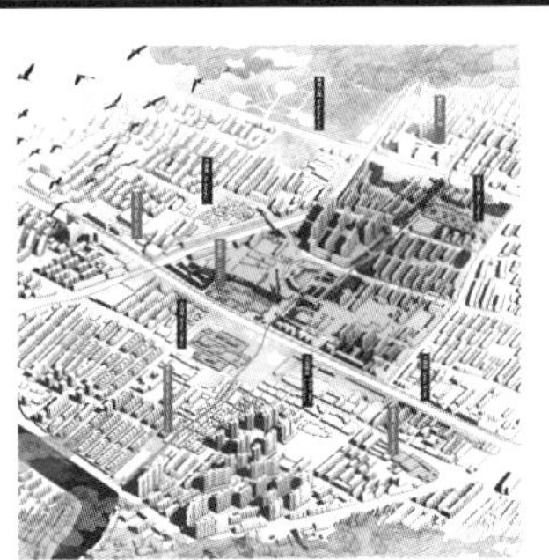
内蒙古工业大学

烟台大学

北方工业大学

3.1　山东建筑大学

指导老师：任震　周忠凯　高晓明

01 设计 1—— 街边拾遗

乔灵 龚椏男 撒旭旭 任朴华 孙衡

02 设计 2—— 散点生活

王若辰 张尊 李斐 李萍萍 朱晓晨

01 设计 1——街边拾遗

主要服务人群为居民，主要提出慢行社区理念，设置两条主线，一条为居民运动轴，一条为游客、居民公用文化体验轴。主要进行街道、绿化、商业、文化这几方面的改造更新，希望形成积极的公共社区与公共活动场地。整体策略分期进行，实现可持续、可复制的城市更新模式，扩散分布于呼市，进行影响性更新。

历史文脉分析

肌理变化

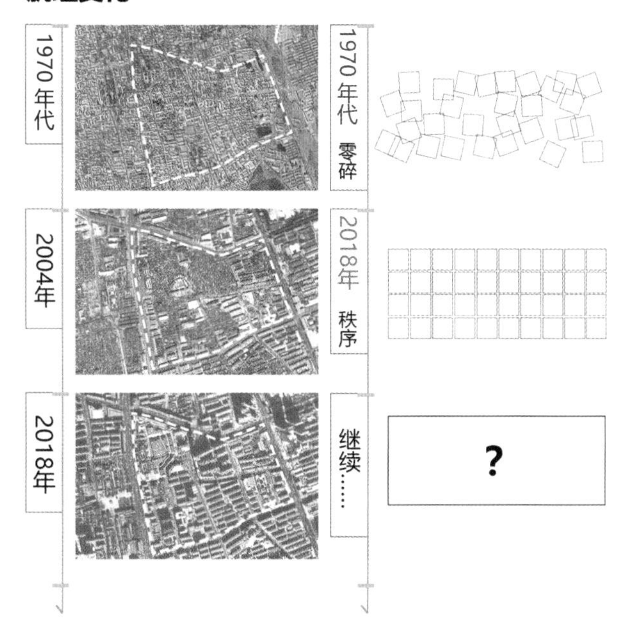

功能变化

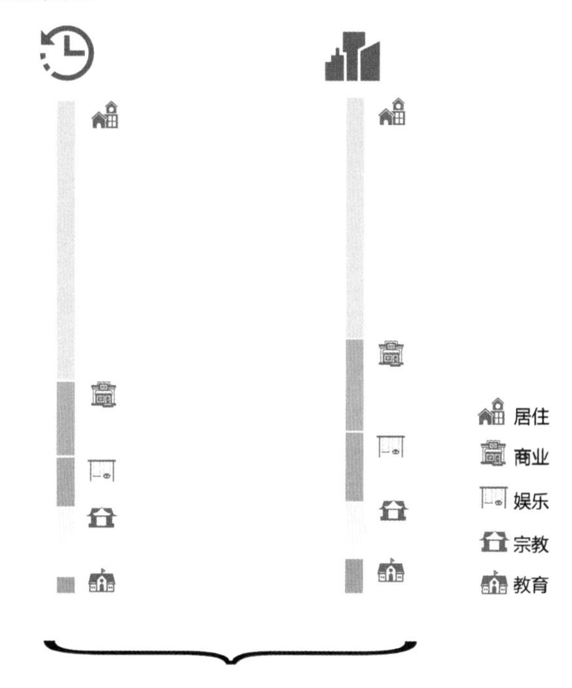

道路变化

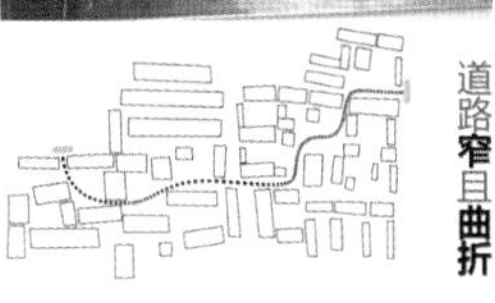

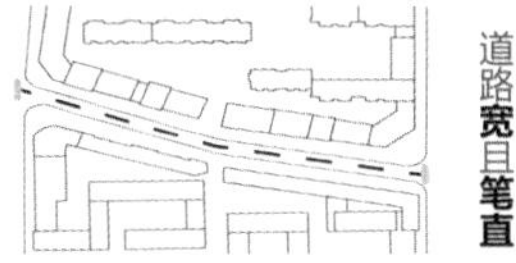

概念提出

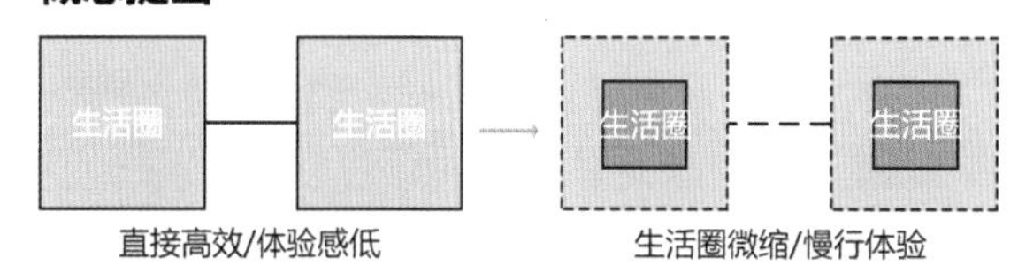

实现慢行体验的条件

现状问题分析

失色的城市历史风貌

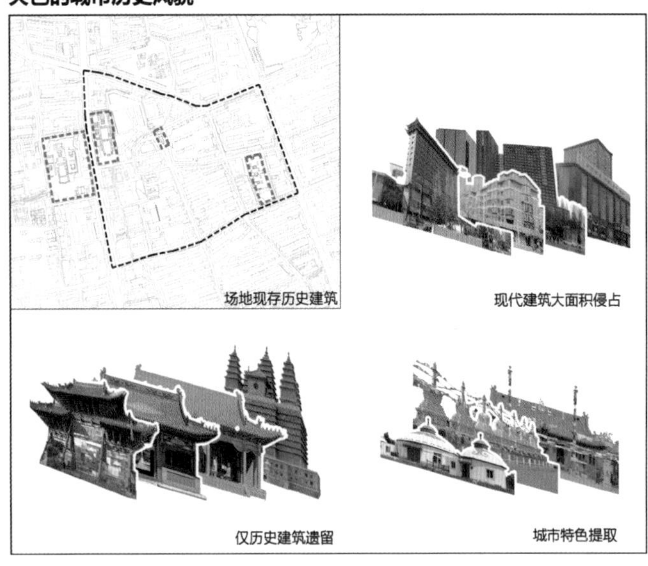

无序的城市街道

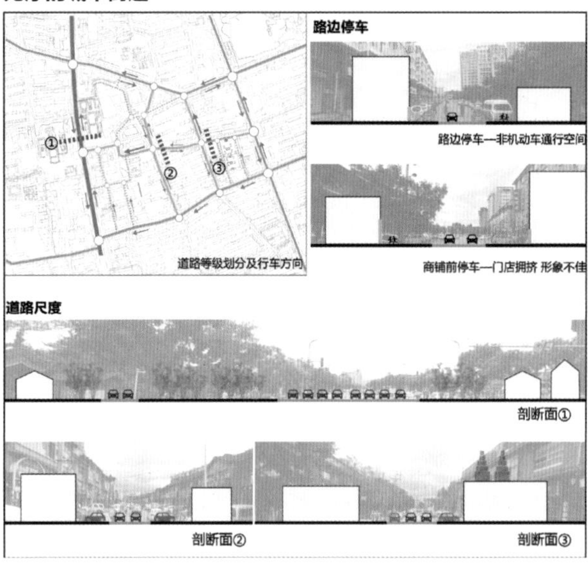

失活的城市公共空间

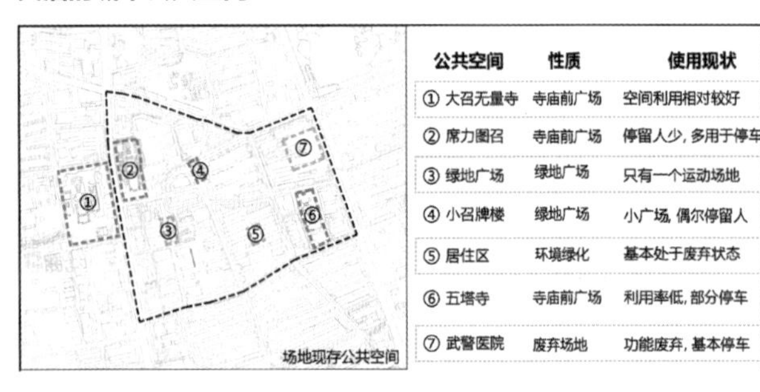

公共空间	性质	使用现状
① 大召无量寺	寺庙前广场	空间利用相对较好
② 席力图召	寺庙前广场	停留人少，多用于停车
③ 绿地广场	绿地广场	只有一个运动场地
④ 小召牌楼	绿地广场	小广场，偶尔停留人
⑤ 居住区	环境绿化	基本处于废弃状态
⑥ 五塔寺	寺庙前广场	利用率低，部分停车
⑦ 武警医院	废弃场地	功能废弃，基本停车

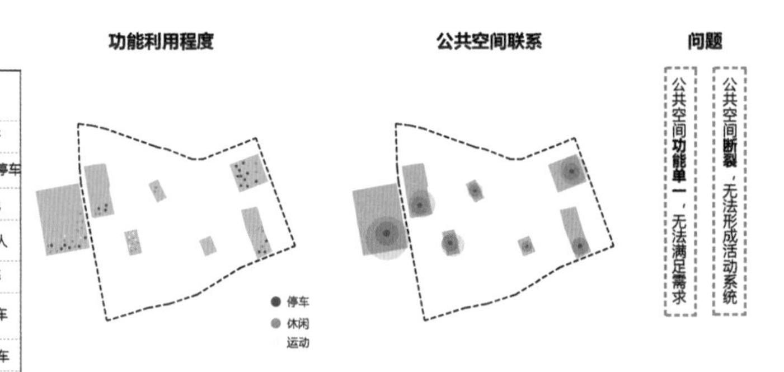

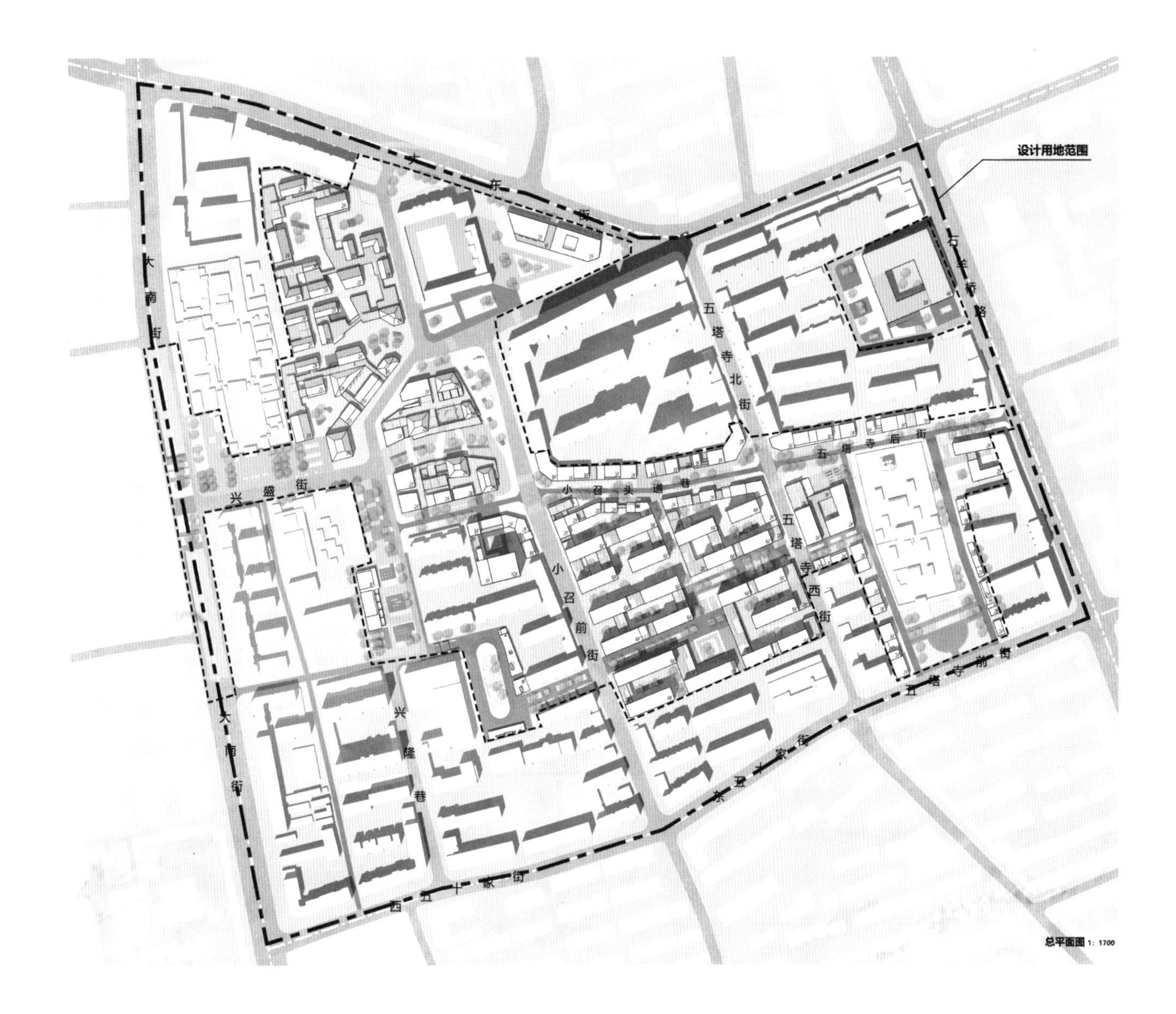
设计用地范围
大东街
大南街
兴盛街
小召头道巷
五塔寺北街
五塔寺后街
五塔寺西街
小召前街
五塔寺前街
石羊桥路
兴隆巷
东五十家街
西五十家街
总平面图 1：1700

step1

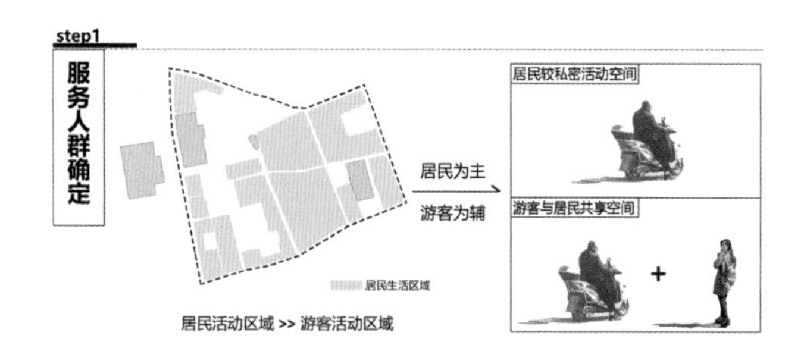

step2

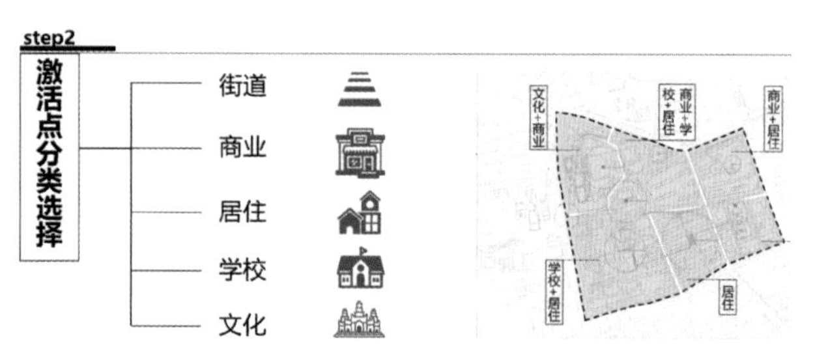

step3

step4

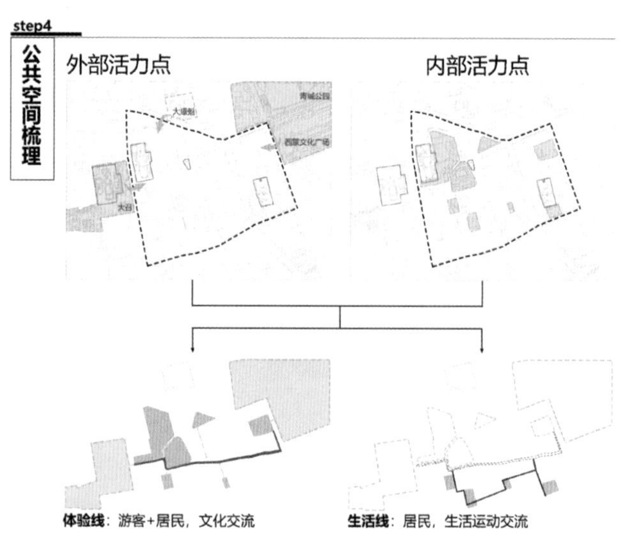

step5

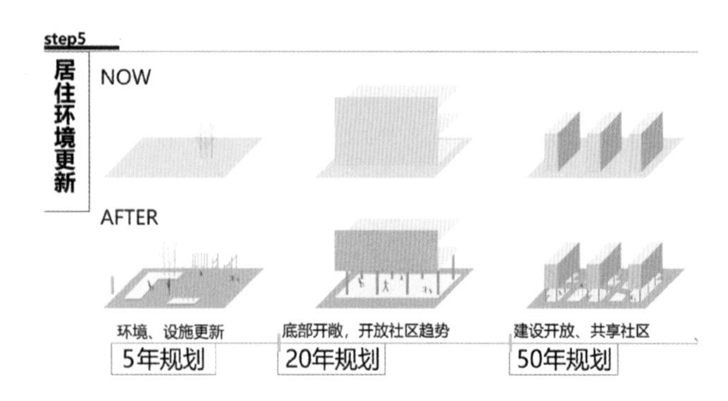

step6

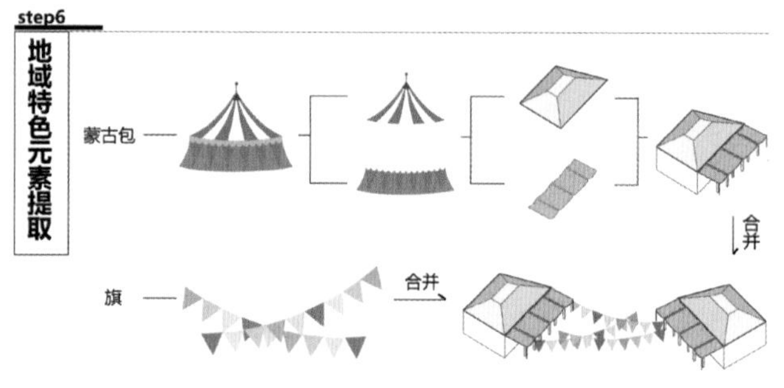

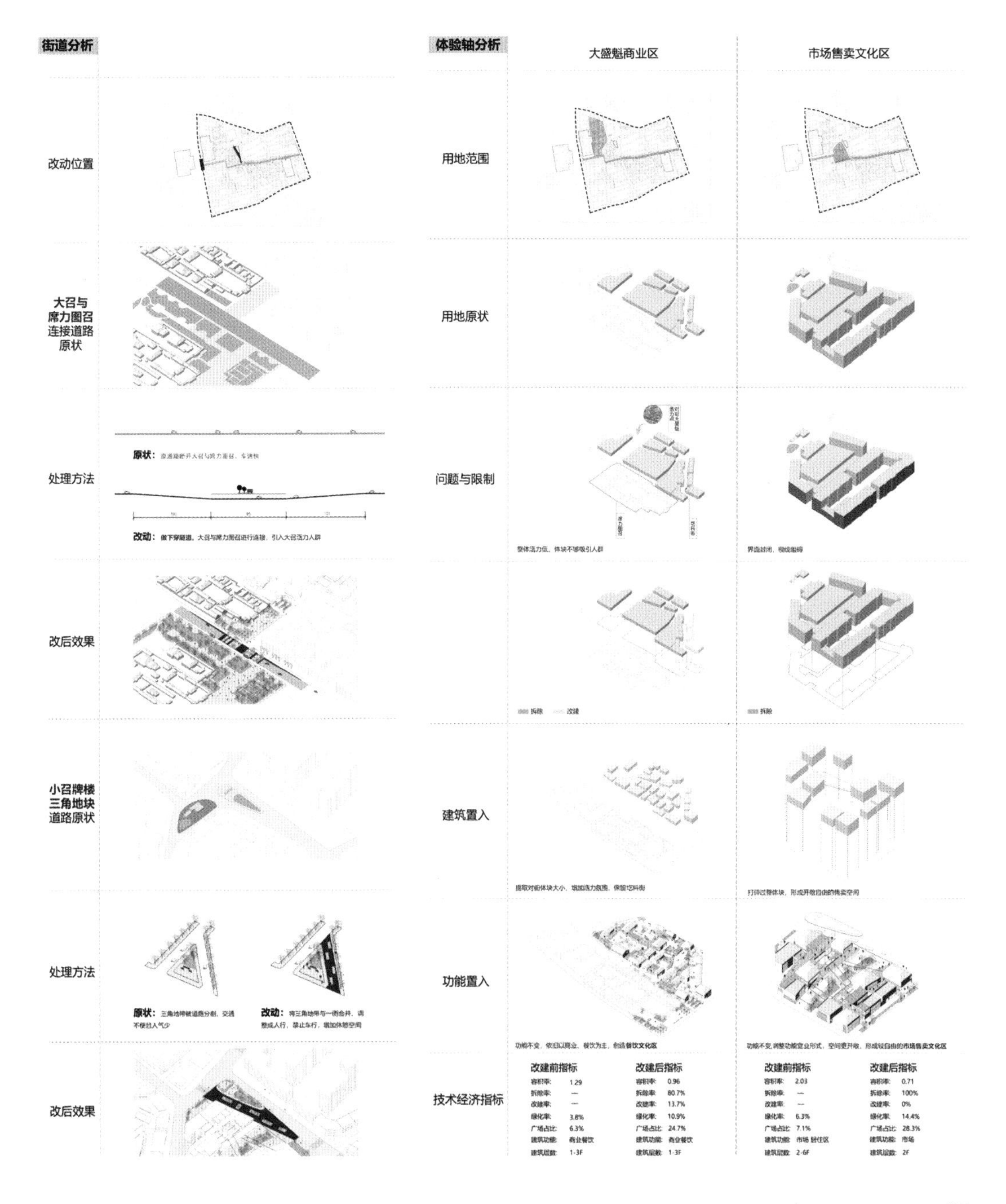
街道分析
改动位置
大召与
席力图召
连接道路
原状
处理方法
原状：
改动：做下穿隧道，大召与席力图召进行连接，引入大召活力人群
改后效果
小召牌楼
三角地块
道路原状
处理方法
原状：三角地带被道路分割，交通不便且人气少
改动：将三角地带与一侧合并，调整成人行，禁止车行，增加休憩空间
改后效果
体验轴分析
大盛魁商业区
市场售卖文化区
用地范围
用地原状
问题与限制
整体活力低，体块不够吸引人群
界面封闭，视线阻碍
拆除
改建
拆除
建筑置入
提取对街体块大小，增加活力氛围，保留吃料街
打碎过整体块，形成开敞自由的售卖空间
功能置入
功能不变，依旧以商业、餐饮为主，创造餐饮文化区
功能不变，调整功能营业形式，空间更开敞，形成较自由的市场售卖文化区
技术经济指标
改建前指标
容积率：1.29
拆除率：—
改建率：—
绿化率：3.8%
广场占比：6.3%
建筑功能：商业餐饮
建筑层数：1-3F
改建后指标
容积率：0.96
拆除率：80.7%
改建率：13.7%
绿化率：10.9%
广场占比：24.7%
建筑功能：商业餐饮
建筑层数：1-3F
改建前指标
容积率：2.03
拆除率：—
改建率：—
绿化率：6.3%
广场占比：7.1%
建筑功能：市场 居住区
建筑层数：2-6F
改建后指标
容积率：0.71
拆除率：100%
改建率：0%
绿化率：14.4%
广场占比：28.3%
建筑功能：市场
建筑层数：2F

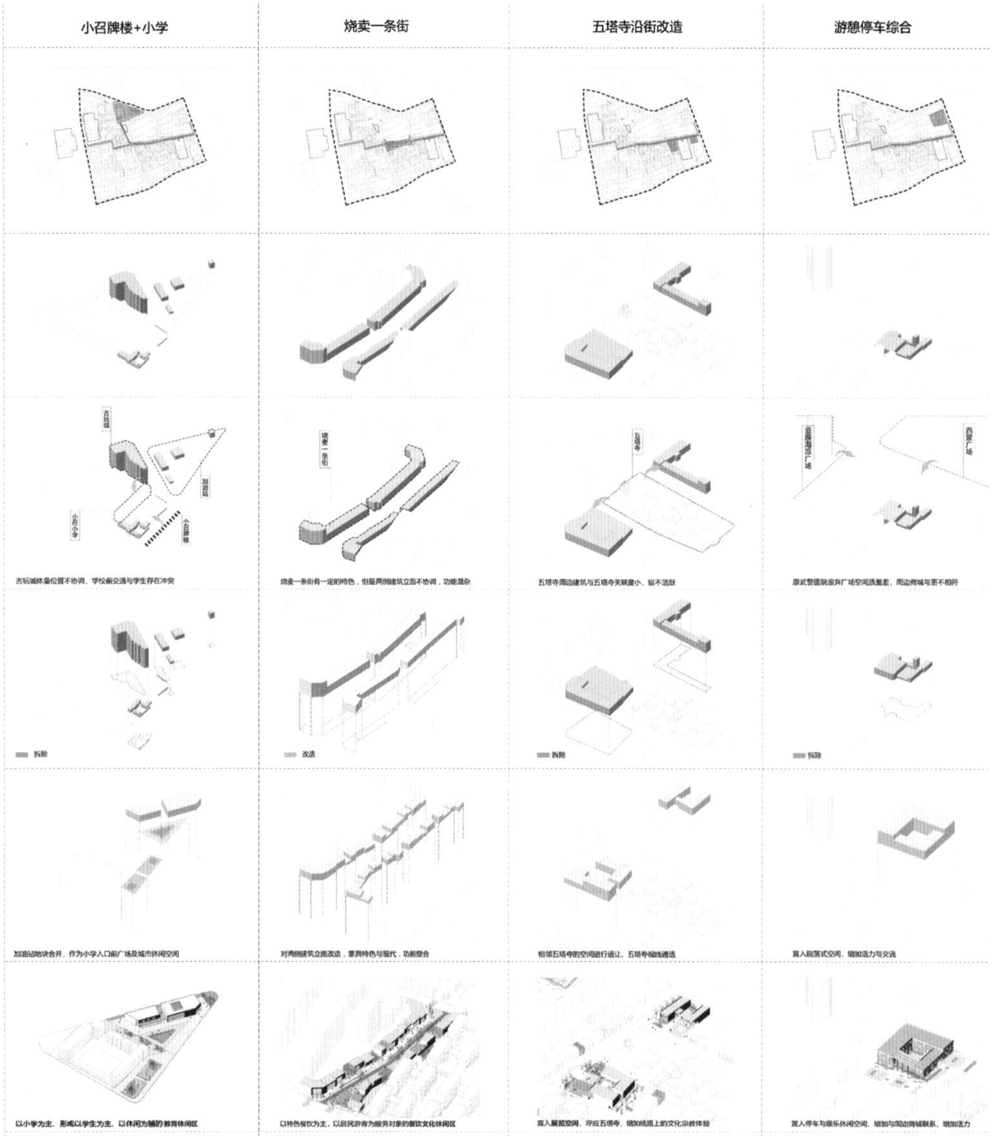

3. 设计成果

小召牌楼+小学	烧卖一条街	五塔寺沿街改造	游憩停车综合
古玩城体量位置不协调，学校前交通与学生存在冲突	烧卖一条街有一定的特色，但是两侧建筑立面不协调，功能混杂	五塔寺周边建筑与五塔寺关联度小，较不活跃	原武警医院废弃广场空间质量差，周边商城与更不相符
拆除	改造	拆除	拆除
加油站地块合并，作为小学入口前广场及城市休闲空间	对两侧建筑立面改造，兼具特色与现代，功能整合	相邻五塔寺的空间进行退让，五塔寺视线通透	置入院落式空间，增加活力与交流
以小学为主、形成以学生为主、以休闲为辅的教育休闲区	以特色餐饮为主、以居民游客为服务对象的餐饮文化休闲区	置入展览空间，呼应五塔寺，增加线路上的文化宗教体验	置入停车与娱乐休闲空间，增加与周边商城联系，增加活力

小召牌楼+小学

指标	改建前指标	改建后指标
容积率	1.89	0.68
拆除率	—	100%
改建率	—	0%
绿化率	13.6%	21.1%
广场占比	9.8%	27.4%
建筑功能	商业 加油站	商业
建筑层数	1F、13F	2F

烧卖一条街

指标	改建前指标	改建后指标
容积率	1.63	1.51
拆除率	—	7.2%
改建率	—	86.1%
绿化率	4.6%	10.5%
广场占比	4.8%	12.8%
建筑功能	商业	商业
建筑层数	2-3F	2-3F

五塔寺沿街改造

指标	改建前指标	改建后指标
容积率	1.44	1.24
拆除率	—	100%
改建率	—	0%
绿化率	3.2%	8.5%
广场占比	2.3%	28.2%
建筑功能	文化 商业	文化 商业
建筑层数	2-4F	2-3F

游憩停车综合

指标	改建前指标	改建后指标
容积率	1.27	1.48
拆除率	—	100%
改建率	—	0%
绿化率	8.2%	14.2%
广场占比	6.6%	21.6%
建筑功能	废弃医院	停车 商业
建筑层数	6F	4F

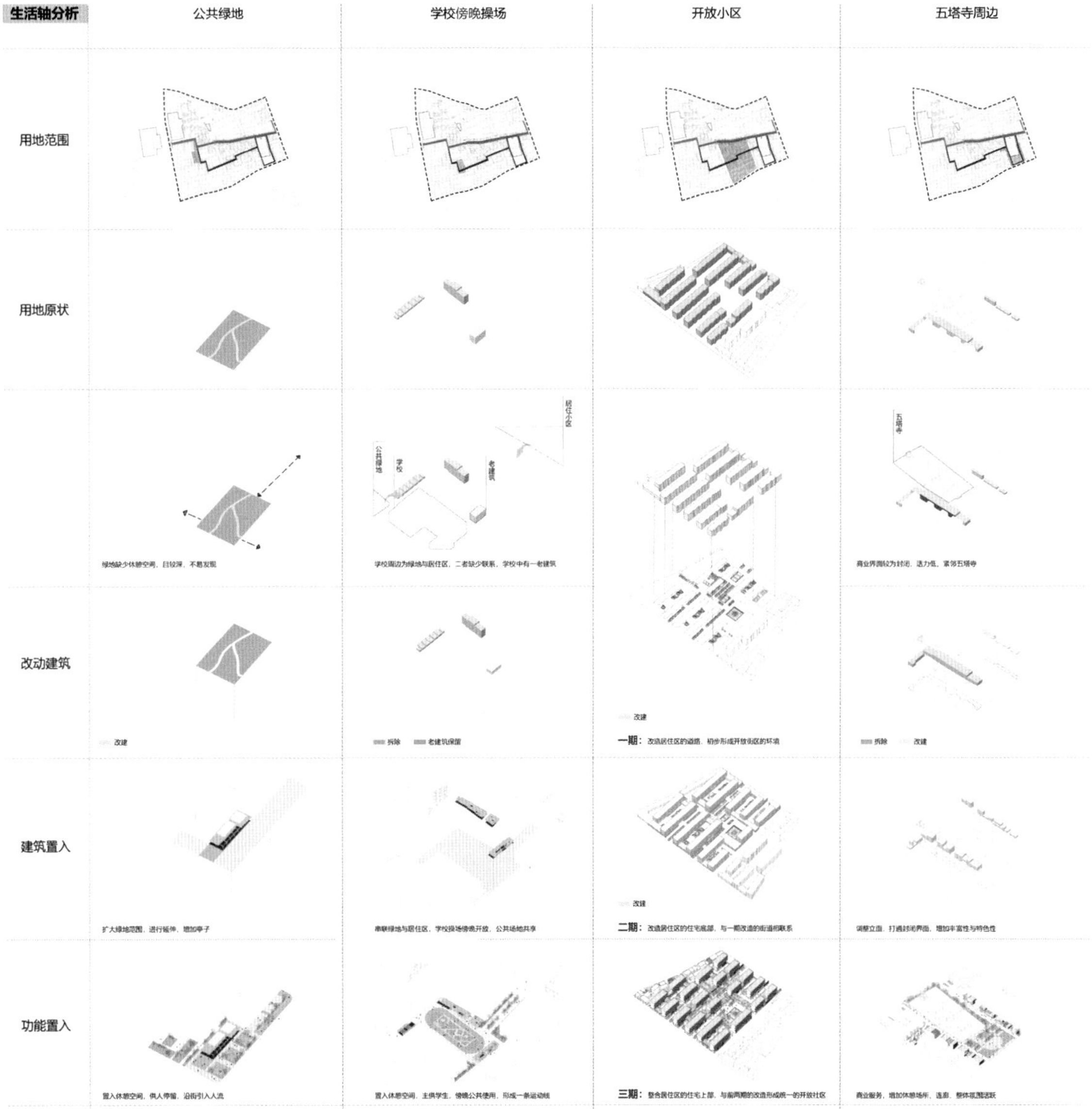

生活轴分析	公共绿地	学校傍晚操场	开放小区	五塔寺周边
用地范围				
用地原状				
	绿地缺少休憩空间，且较深，不易发现	学校周边为绿地与居住区，二者缺少联系，学校中有一老建筑	改建 **一期：** 改造居住区的道路，初步形成开放街区的环境	商业界面较为封闭，活力低，紧邻五塔寺
改动建筑	改建	拆除 老建筑保留		拆除 改建
建筑置入	扩大绿地范围，进行延伸，增加亭子	串联绿地与居住区，学校操场傍晚开放，公共场地共享	改建 **二期：** 改造居住区的住宅底部，与一期改造的街道相联系	调整立面，打通封闭界面，增加丰富性与特色性
功能置入	置入休憩空间，供人停留，沿街引入人流	置入休憩空间，主供学生，傍晚公共使用，形成一条运动线	**三期：** 整合居住区的住宅上部，与前两期的改造形成统一的开放社区	商业服务，增加休憩场所，连廊，整体氛围活跃

技术经济指标

公共绿地

改建前指标	改建后指标
容积率：0.26	容积率：0.33
拆除率：—	拆除率：7.78%
改建率：—	改建率：48.98%
绿化率：23.88%	绿化率：26.8%
广场占比：33.40%	广场占比：48.98%
建筑功能：绿地	建筑功能：绿地
建筑层数：1-4F	改建建筑层数：1F

学校傍晚操场

改建前指标	改建后指标
容积率：0.69	容积率：0.70
拆除率：—	拆除率：18%
改建率：—	改建率：29.8%
绿化率：11.88%	绿化率：21.1%
广场占比：48.2%	广场占比：57.4%
建筑功能：学校	建筑功能：学校
建筑层数：1-5F	改建建筑层数：1F

开放小区

改建前指标		一期	二期	三期
容积率：1.85	容积率：	1.85	2.08	1.93
拆除率：—	拆除率：	0.00%	0.00%	100%
改建率：—	改建率：	40.08%	25.36%	0.00%
绿化率：11.87%	绿化率：	40.08%	40.08%	40.08%
广场占比：10.70%	广场占比：	21.80%	29.90%	30.14%
建筑功能：住宅	建筑功能：	住宅	住宅	开放住宅
建筑层数：2-6F	改建建筑层数：	—	2F	2-6F

五塔寺周边

改建前指标	改建后指标
容积率：0.69	容积率：0.50
拆除率：—	拆除率：29.80%
改建率：—	改建率：64.20%
绿化率：14.33%	绿化率：30.74%
广场占比：12.24%	广场占比：21.61%
建筑功能：商业	建筑功能：商业
建筑层数：1-3F	改建建筑层数：1-3F

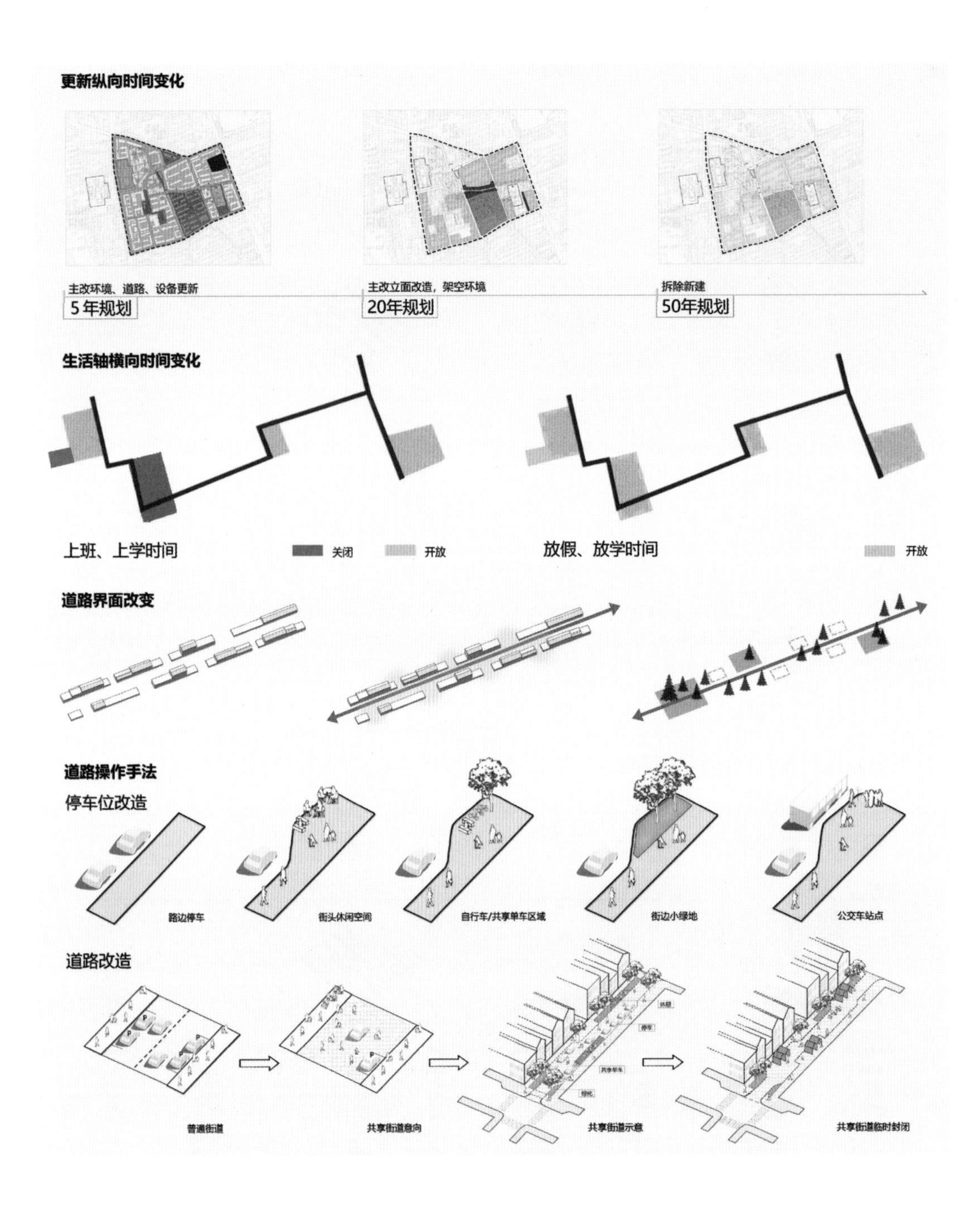
更新纵向时间变化
主改环境、道路、设备更新
5 年规划
主改立面改造，架空环境
20年规划
拆除新建
50年规划
生活轴横向时间变化
上班、上学时间
关闭
开放
放假、放学时间
开放
道路界面改变
道路操作手法
停车位改造
路边停车
街头休闲空间
自行车/共享单车区域
街边小绿地
公交车站点
道路改造
普通街道
共享街道意向
共享街道示意
共享街道临时封闭

生活场景

场景1 大盛魁商业街

夜幕降临，大盛魁商业街延续着白天的热闹，明亮的灯光，不管你是有目的的来到这是，或者只是闲逛，你总能找到心仪的味道。

场景2 文化市场

昔日的菜市场虽然换了新颜，不过价格还是那么便宜，白色的蒙古包，飘扬的风马旗，仿佛在诉说着这座城旧日的故事。

场景3 傍晚操场

学校的操场傍晚开放，有人抱着吉他来，有人每天都要来跑几圈，这里的人脸上是惬意，是卸去了一天压力的轻松。

场景4 开放生活社区

新的社区不再仅仅是用来居住那么简单，复合的功能使它成了一个微型城市，生活变得多样而便利。

场景5 五塔寺后街广场

五塔寺后街的广场上常常有丰富的文化展览和表演，不管是游客还是居民，都愿意经常来看看。

场景6 烧卖街街角广场

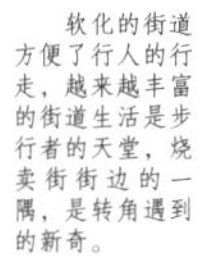

软化的街道方便了行人的行走，越来越丰富的街道生活是步行者的天堂，烧卖街街边的一隅，是转角遇到的新奇。

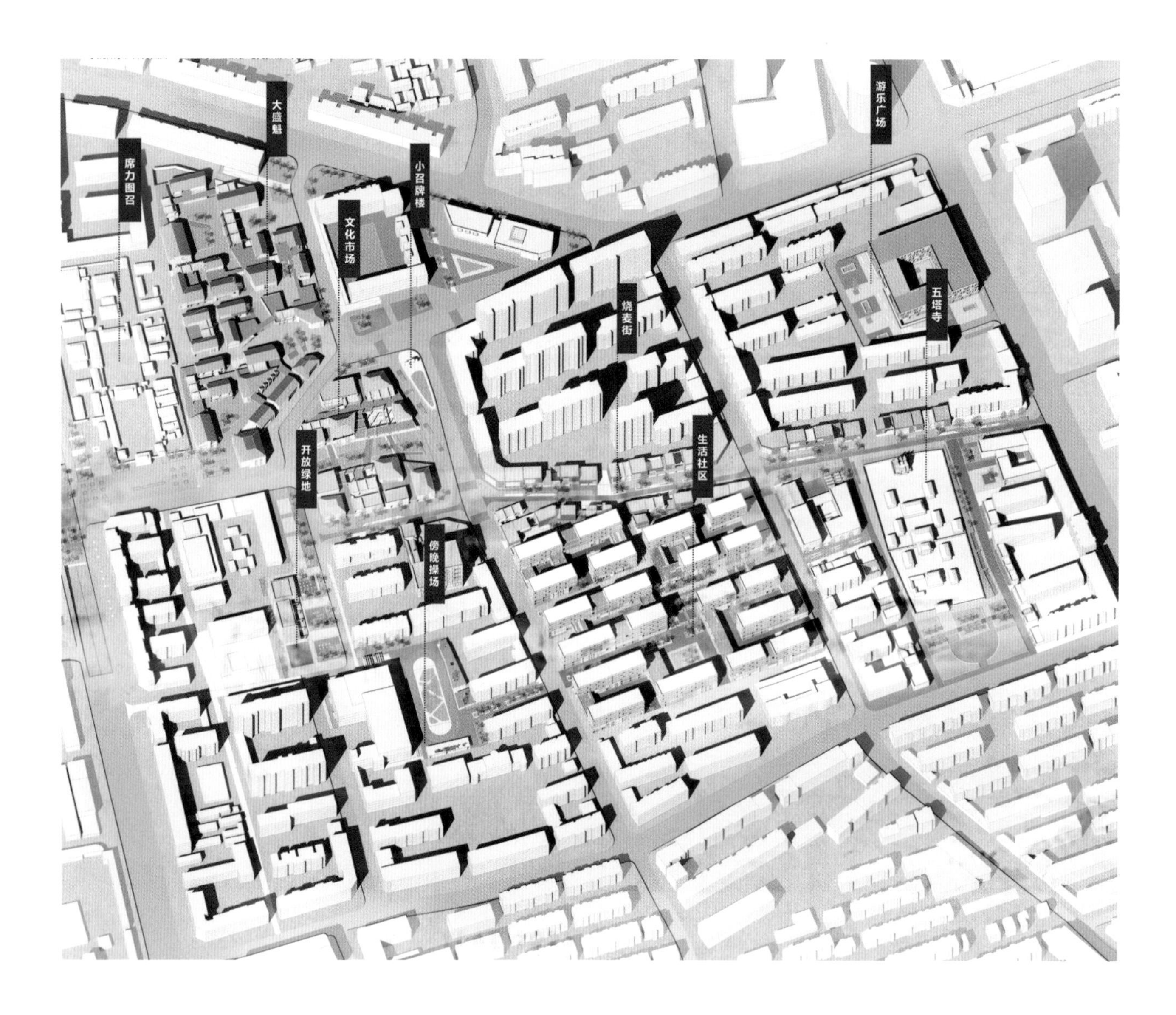
大盛魁
席力图召
小召牌楼
文化市场
游乐广场
五塔寺
烧麦街
开放绿地
生活社区
傍晚操场

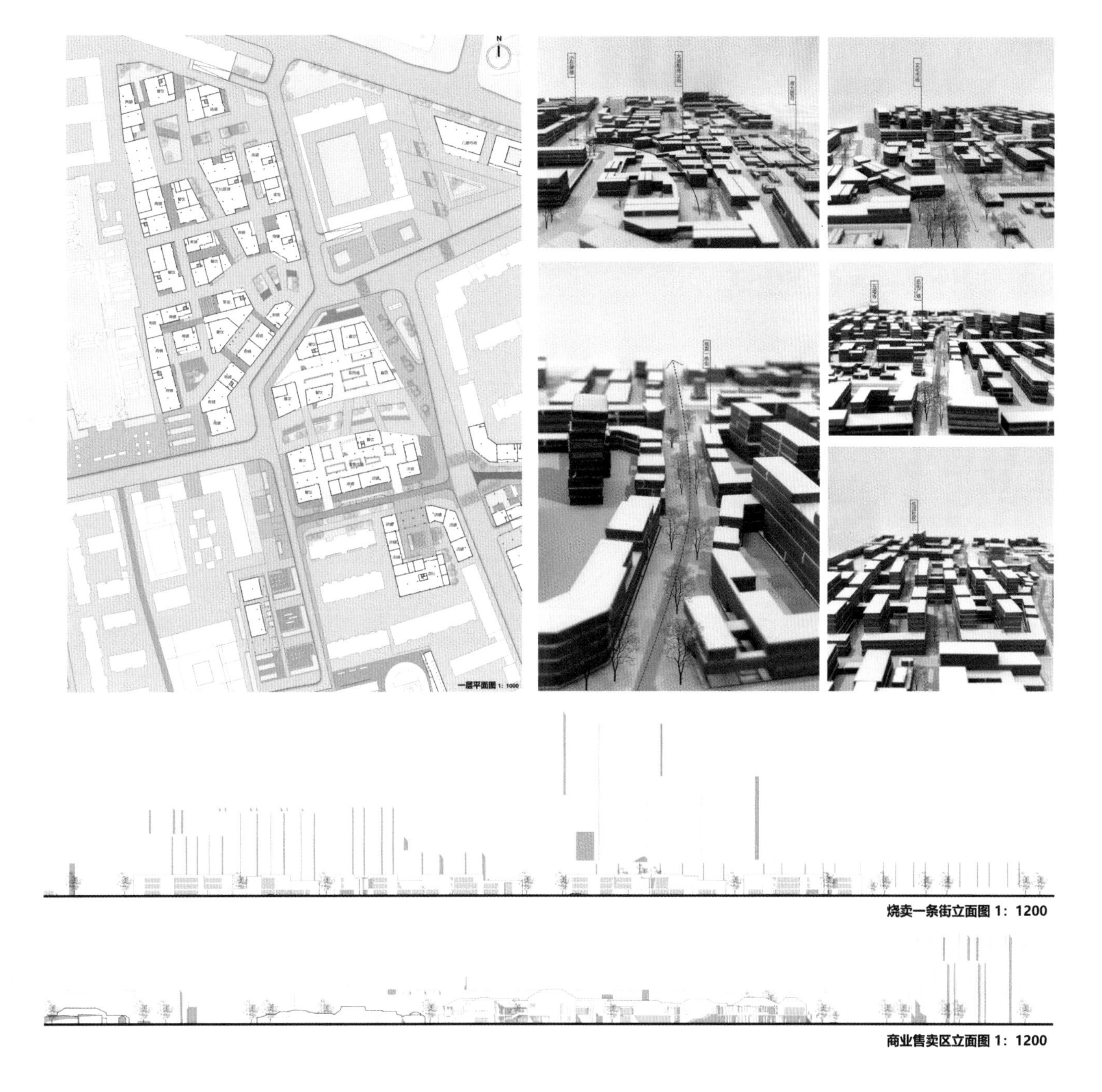

一层平面图 1：1000

烧卖一条街立面图 1：1200

商业售卖区立面图 1：1200

02　设计 2——散点生活

设计利用基于情景分类的修补型城市设计与研究的办法，从设定生活场景和归纳失落空间两方面在基地内选取有问题、有代表性的五个地块（寺市共生、儿童活动、居住生活、文体休闲、静心礼佛），进行修补改造，并将此作为一种解决措施作为推广，实现城市渐进式的自我更新。

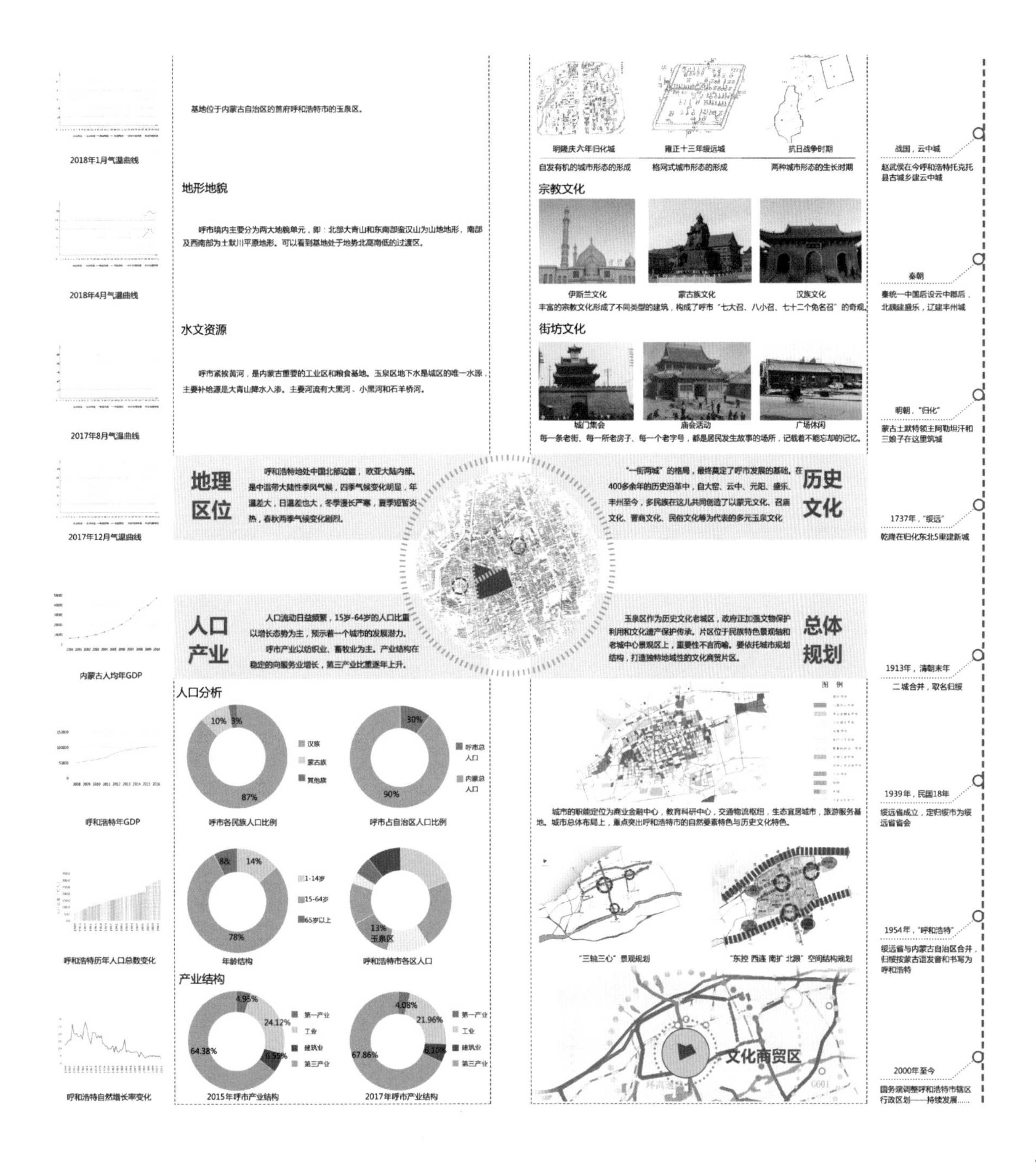
2018年1月气温曲线
2018年4月气温曲线
2017年8月气温曲线
2017年12月气温曲线
内蒙古人均年GDP
呼和浩特年GDP
呼和浩特历年人口总数变化
呼和浩特自然增长率变化
基地位于内蒙古自治区的首府呼和浩特市的玉泉区。
地形地貌
呼市境内主要分为两大地貌单元，即：北部大青山和东南部蛮汉山为山地地形，南部及西南部为土默川平原地形。可以看到基地处于地势北高南低的过渡区。
水文资源
呼市紧挨黄河，是内蒙古重要的工业区和粮食基地。玉泉区地下水是城区的唯一水源，主要补给源是大青山降水入渗。主要河流有大黑河、小黑河和石羊桥河。
明隆庆六年归化城
雍正十三年绥远城
抗日战争时期
自发有机的城市形态的形成
格网式城市形态的形成
两种城市形态的生长时期
宗教文化
伊斯兰文化
蒙古族文化
汉族文化
丰富的宗教文化形成了不同类型的建筑，构成了呼市“七大召、八小召、七十二个免名召”的奇观。
街坊文化
城门集会
庙会活动
广场休闲
每一条老街、每一所老房子、每一个老字号，都是居民发生故事的场所，记载着不能忘却的记忆。
地理区位
呼和浩特地处中国北部边疆，欧亚大陆内部。是中温带大陆性季风气候，四季气候变化明显，年温差大，日温差也大，冬季漫长严寒，夏季短暂炎热，春秋两季气候变化剧烈。
历史文化
“一街两城”的格局，最终奠定了呼市发展的基础。在400多余年的历史沿革中，自大窑、云中、元阳、盛乐、丰州至今，多民族在这儿共同创造了以蒙元文化、召庙文化、晋商文化、民俗文化等为代表的多元玉泉文化
人口产业
人口流动日益频繁，15岁-64岁的人口比重以增长态势为主，预示着一个城市的发展潜力。
呼市产业以纺织业、畜牧业为主。产业结构在稳定的向服务业增长，第三产业比重逐年上升。
总体规划
玉泉区作为历史文化老城区，政府正加强文物保护利用和文化遗产保护传承。片区位于民族特色景观轴和老城中心景观区上，重要性不言而喻。要依托城市规划结构，打造独特地域性的文化商贸片区。
人口分析
10%
3%
87%
汉族
蒙古族
其他族
呼市各民族人口比例
30%
90%
呼市总人口
内蒙总人口
呼市占自治区人口比例
8&
14%
78%
1-14岁
15-64岁
65岁以上
年龄结构
13%
玉泉区
呼和浩特市各区人口
产业结构
4.95%
24.12%
64.38%
6.55%
第一产业
工业
建筑业
第三产业
2015年呼市产业结构
4.08%
21.96%
67.86%
6.10%
2017年呼市产业结构
图例
城市的职能定位为商业金融中心，教育科研中心，交通物流枢纽，生态宜居城市，旅游服务基地。城市总体布局上，重点突出呼和浩特市的自然要素特色与历史文化特色。
“三轴三心”景观规划
“东控 西连 南扩 北限”空间结构规划
文化商贸区
战国，云中城
赵武侯在今呼和浩特托克托县古城乡建云中城
秦朝
秦统一中国后设云中郡后，北魏建盛乐，辽建丰州城
明朝，“归化”
蒙古土默特领主阿勒坦汗和三娘子在这里筑城
1737年，“绥远”
乾隆在归化东北5里建新城
1913年，清朝末年
二城合并，取名归绥
1939年，民国18年
绥远省成立，定归绥市为绥远省省会
1954年，“呼和浩特”
绥远省与内蒙古自治区合并，归绥按蒙古语发音和书写为呼和浩特
2000年至今
国务院调整呼和浩特市辖区行政区划——持续发展……

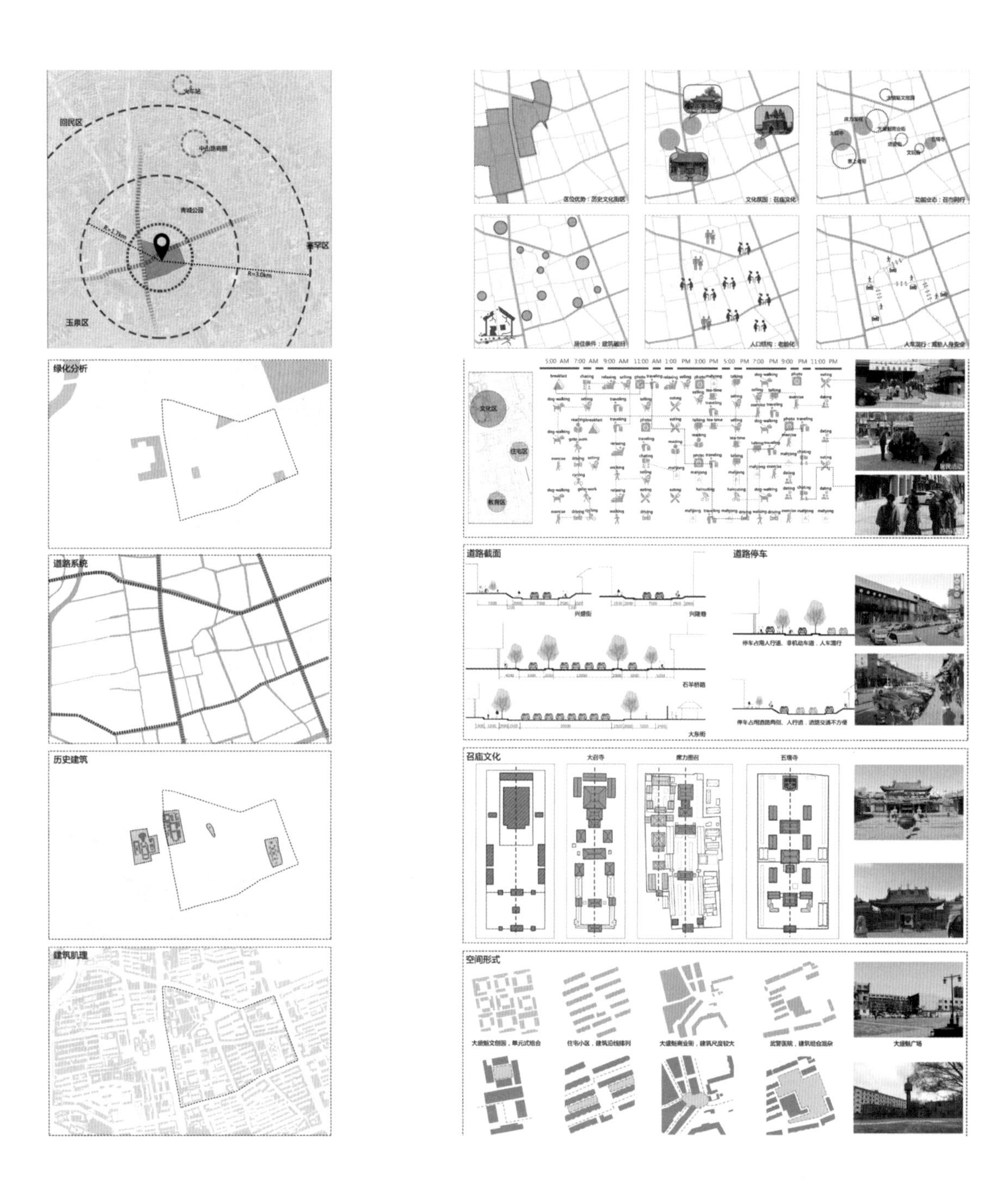
回民区
青城公园
赛罕区
玉泉区
绿化分析
道路系统
历史建筑
建筑肌理
文化区
住宅区
教育区
道路截面
兴盛街
兴隆巷
石羊桥路
大东街
道路停车
停车占用人行道、非机动车道，人车混行
停车占用道路两侧、人行道，道路交通不方便
召庙文化
大召寺
席力图召
五塔寺
空间形式
大盛魁文创园，单元式组合
住宅小区，建筑沿线排列
大盛魁商业街，建筑尺度较大
武警医院，建筑组合混杂
大盛魁广场

问题诊断

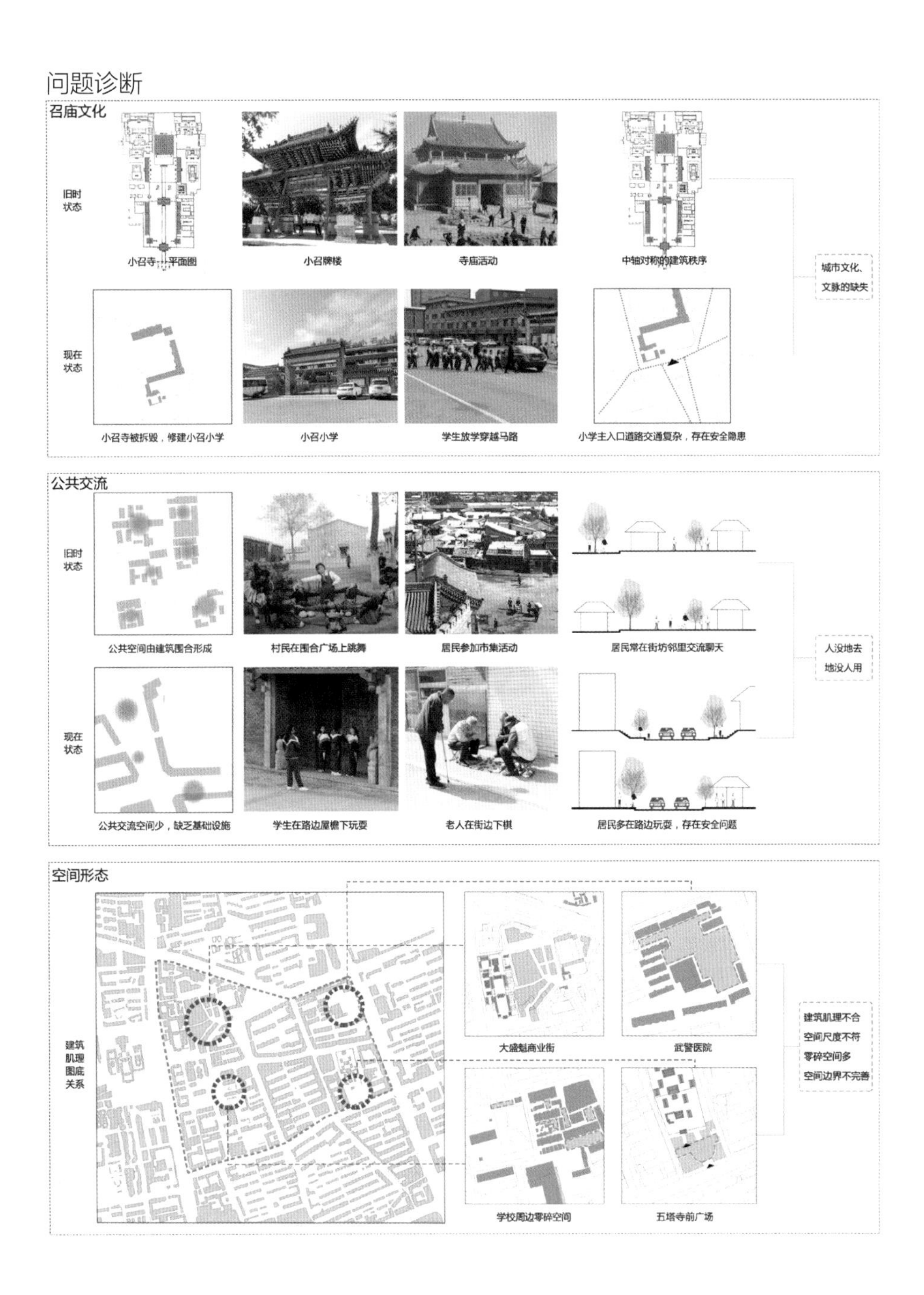
召庙文化
旧时状态
小召寺……平面图
小召牌楼
寺庙活动
中轴对称的建筑秩序
城市文化、文脉的缺失
现在状态
小召寺被拆毁，修建小召小学
小召小学
学生放学穿越马路
小学主入口道路交通复杂，存在安全隐患
公共交流
旧时状态
公共空间由建筑围合形成
村民在围合广场上跳舞
居民参加市集活动
居民常在街坊邻里交流聊天
人没地去
地没人用
现在状态
公共交流空间少，缺乏基础设施
学生在路边屋檐下玩耍
老人在街边下棋
居民多在路边玩耍，存在安全问题
空间形态
建筑肌理图底关系
大盛魁商业街
武警医院
学校周边零碎空间
五塔寺前广场
建筑肌理不合
空间尺度不符
零碎空间多
空间边界不完善

情景分类的引入

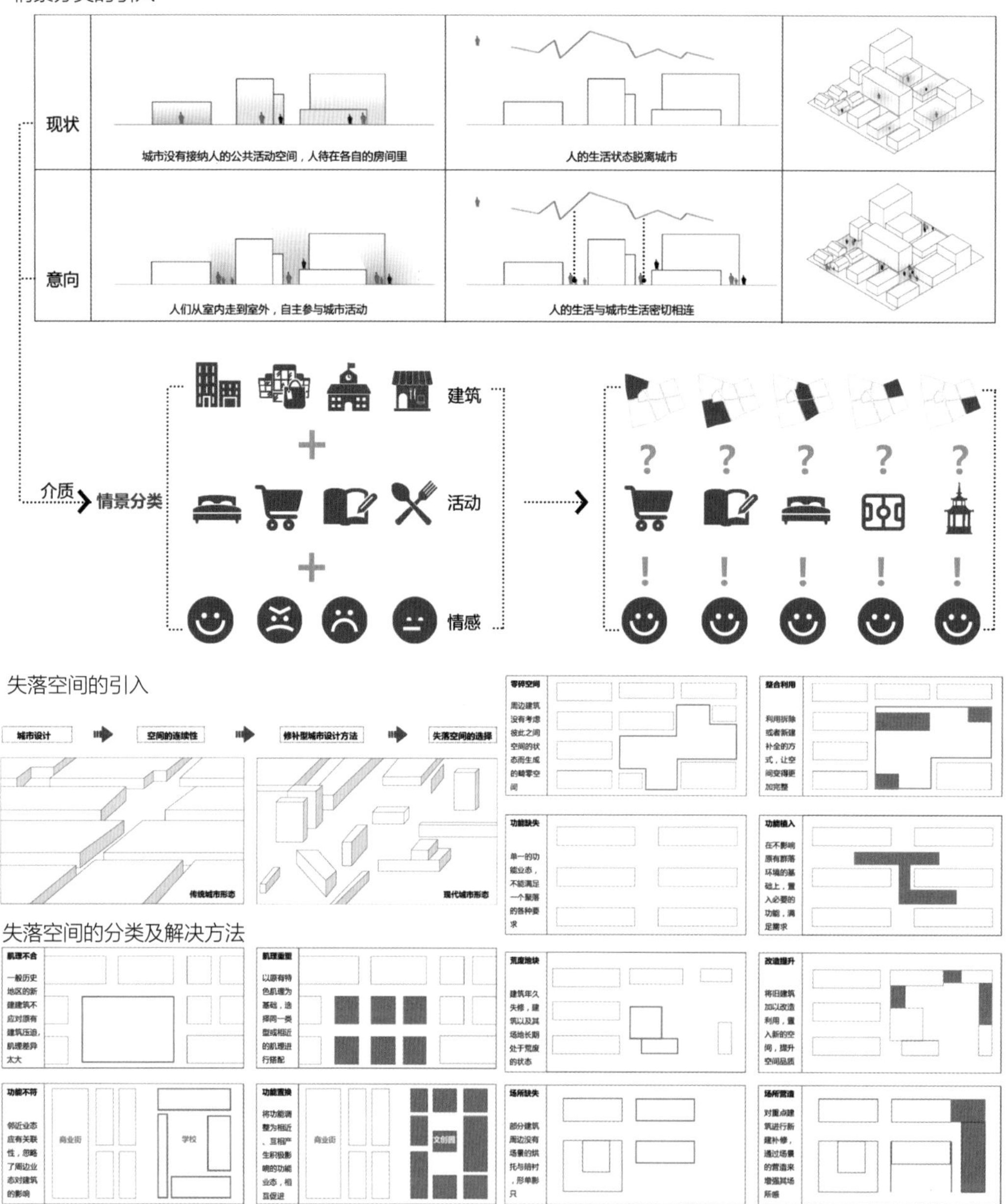
现状
城市没有接纳人的公共活动空间，人待在各自的房间里
人的生活状态脱离城市
意向
人们从室内走到室外，自主参与城市活动
人的生活与城市生活密切相连
建筑
活动
情感
介质
情景分类
失落空间的引入
城市设计
空间的连续性
修补型城市设计方法
失落空间的选择
传统城市形态
现代城市形态
失落空间的分类及解决方法
肌理不合
一般历史地区的新建建筑不应对原有建筑压迫，肌理差异太大
肌理重塑
以原有特色肌理为基础，选择同一类型或相近的肌理进行搭配
功能不符
邻近业态应有关联性，忽略了周边业态对建筑的影响
商业街
学校
功能置换
将功能调整为相近、互相产生积极影响的功能业态，相互促进
商业街
文创园
零碎空间
周边建筑没有考虑彼此之间空间的状态而生成的畸零空间
整合利用
利用拆除或者新建补全的方式，让空间变得更加完整
功能缺失
单一的功能业态，不能满足一个聚落的各种要求
功能植入
在不影响原有群落环境的基础上，置入必要的功能，满足需求
荒废地块
建筑年久失修，建筑以及其场地长期处于荒废的状态
改造提升
将旧建筑加以改造利用，置入新的空间，提升空间品质
场所缺失
部分建筑周边没有场景的烘托与陪衬，形单影只
场所营造
对重点建筑进行新建补修，通过场景的营造来增强其场所感

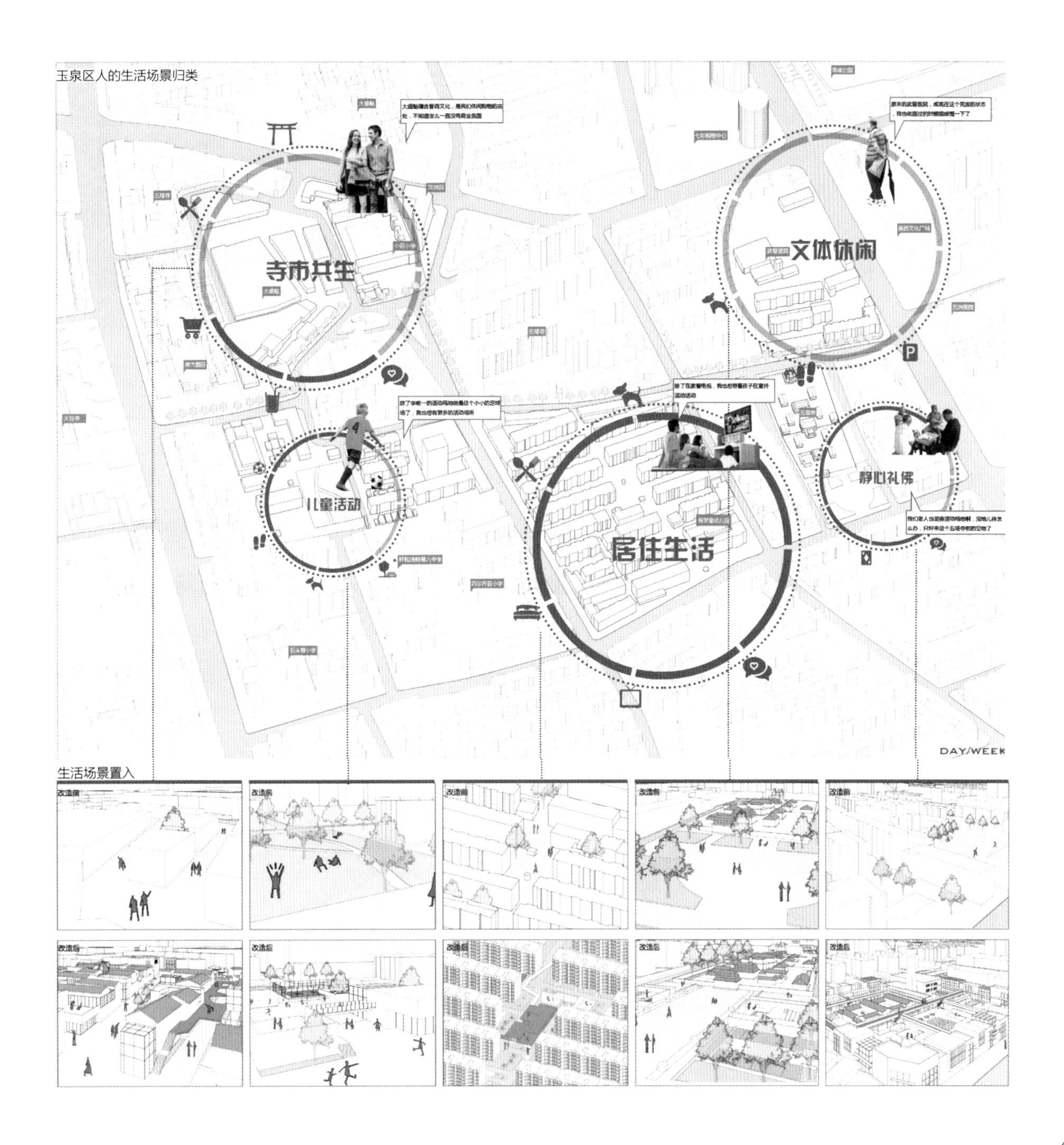
玉泉区人的生活场景归类
寺市共生
文体休闲
儿童活动
居住生活
静心礼佛
DAY/WEEK
生活场景置入
改造前
改造后

大盛魁商业街
学校附近零碎空间
小区宅前空地
废弃武警医院
五塔寺前广场
肌理不合
肌理重塑
零碎空间
整合利用
功能缺失
功能植入
荒废地块
改造提升
场所缺失
场所营造
寺市共生
儿童活动
居住生活
文体休闲
静心礼佛

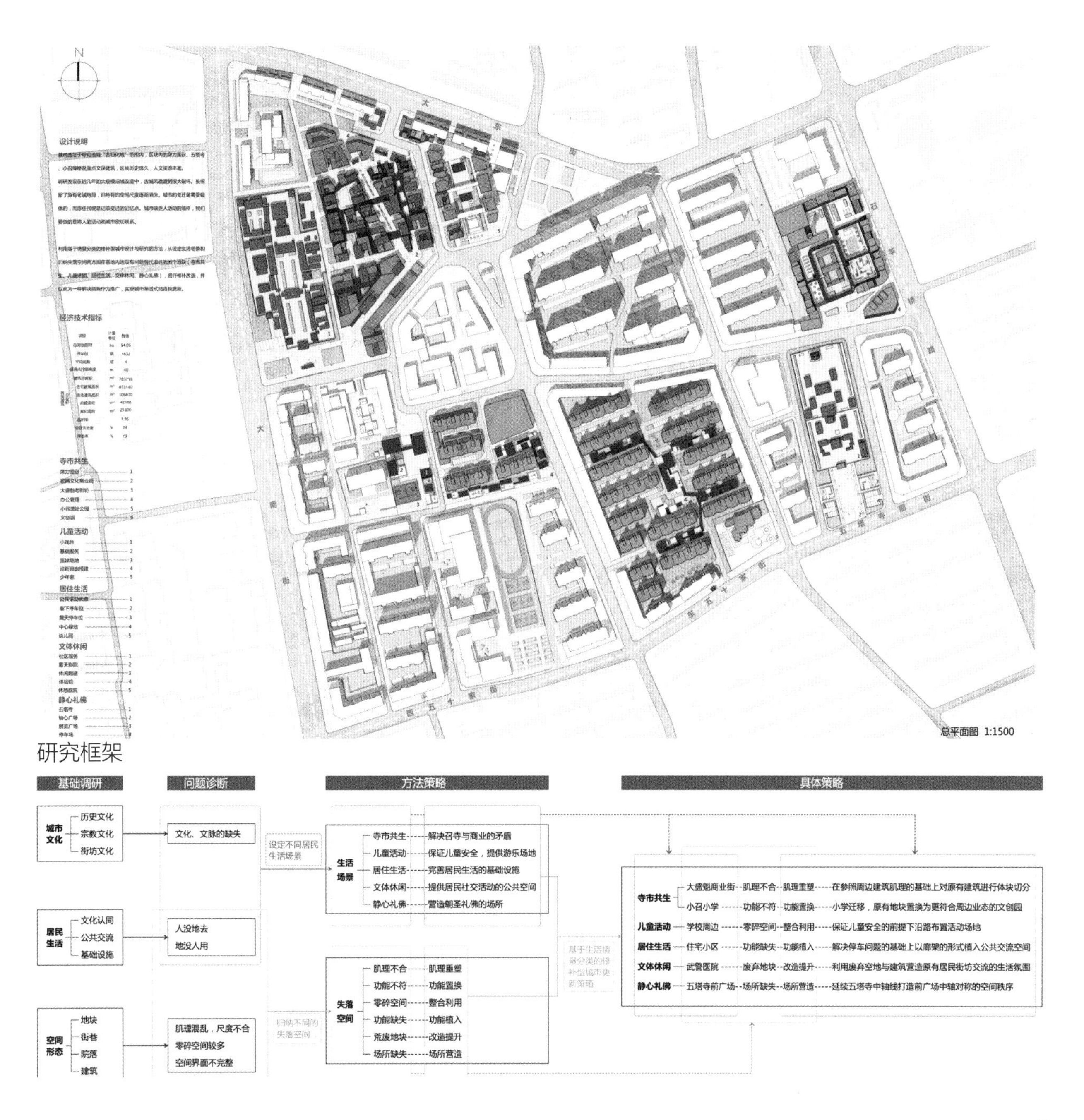
N
设计说明
经济技术指标
寺市共生
儿童活动
居住生活
文体休闲
静心礼佛
大东街
五塔寺前街
东五十家街
西五十家街
研究框架
基础调研
问题诊断
方法策略
具体策略
城市文化
历史文化
宗教文化
街坊文化
文化、文脉的缺失
居民生活
文化认同
公共交流
基础设施
人没地去
地没人用
空间形态
地块
街巷
院落
建筑
肌理混乱，尺度不合
零碎空间较多
空间界面不完整
设定不同居民生活场景
归纳不同的失落空间
生活场景
寺市共生-----解决召寺与商业的矛盾
儿童活动-----保证儿童安全，提供游乐场地
居住生活-----完善居民生活的基础设施
文体休闲-----提供居民社交活动的公共空间
静心礼佛-----营造朝圣礼佛的场所
失落空间
肌理不合-----肌理重塑
功能不符-----功能置换
零碎空间-----整合利用
功能缺失-----功能植入
荒废地块-----改造提升
场所缺失-----场所营造
基于生活情景分类的修补型城市更新策略
寺市共生
大盛魁商业街--肌理不合--肌理重塑-----在参照周边建筑肌理的基础上对原有建筑进行体块切分
小召小学 ------功能不符--功能置换-----小学迁移，原有地块置换为更符合周边业态的文创园
儿童活动 — 学校周边 ------零碎空间--整合利用-----保证儿童安全的前提下沿路布置活动场地
居住生活 — 住宅小区 ------功能缺失--功能植入-----解决停车问题的基础上以廊架的形式植入公共交流空间
文体休闲 — 武警医院 ------废弃地块--改造提升-----利用废弃空地与建筑营造原有居民街坊交流的生活氛围
静心礼佛 — 五塔寺前广场--场所缺失--场所营造-----延续五塔寺中轴线打造前广场中轴对称的空间秩序

总平面图 1:1500

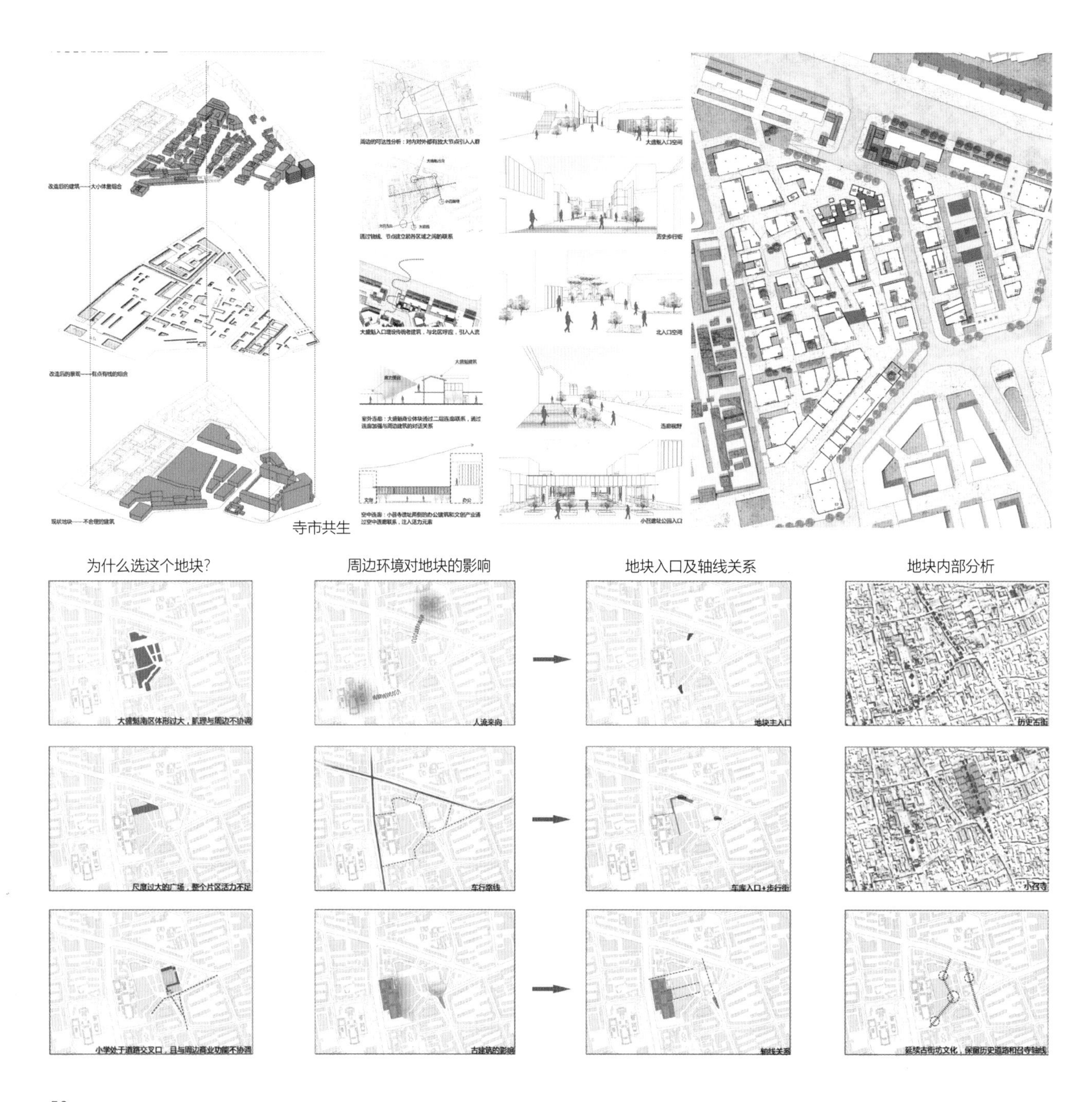
改造后的建筑——大小体量组合
改造后的景观——有点有线的组合
现状地块——不合理的建筑
周边的可达性分析：对内对外都有放大节点引入人群
通过轴线、节点建立起各区域之间的联系
大盛魁入口增设传统老建筑，与北区呼应，引入人流
室外连廊：大盛魁商业体块通过二层连廊联系，通过连廊加强与周边建筑的对话关系
文创
办公
空中连廊：小召寺遗址两侧的办公建筑和文创产业通过空中连廊联系，注入活力元素
大盛魁入口空间
历史步行街
北入口空间
连廊视野
小召遗址公园入口
寺市共生
为什么选这个地块？
周边环境对地块的影响
地块入口及轴线关系
地块内部分析
大盛魁南区体形过大，肌理与周边不协调
人流来向
地块主入口
历史古街
尺度过大的广场，整个片区活力不足
车行路线
车库入口+步行街
小召寺
小学处于道路交叉口，且与周边商业功能不协调
古建筑的影响
轴线关系
延续古街坊文化，保留历史道路和召寺轴线

居民需求分析

建筑功能统计

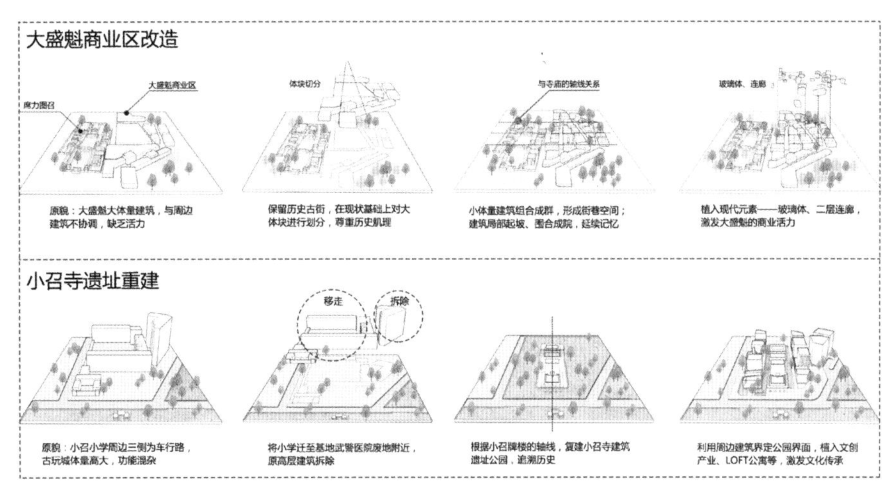

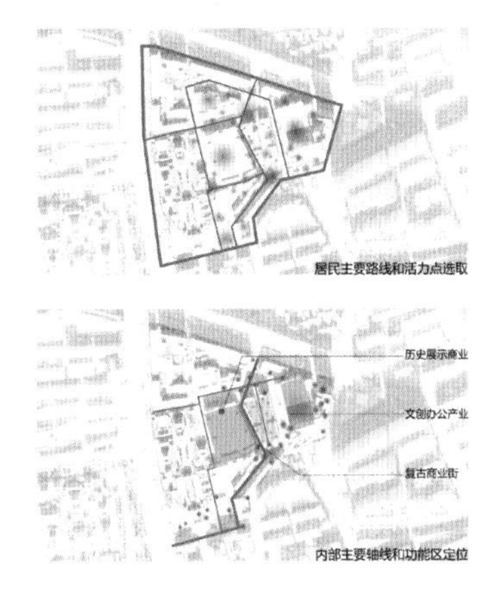

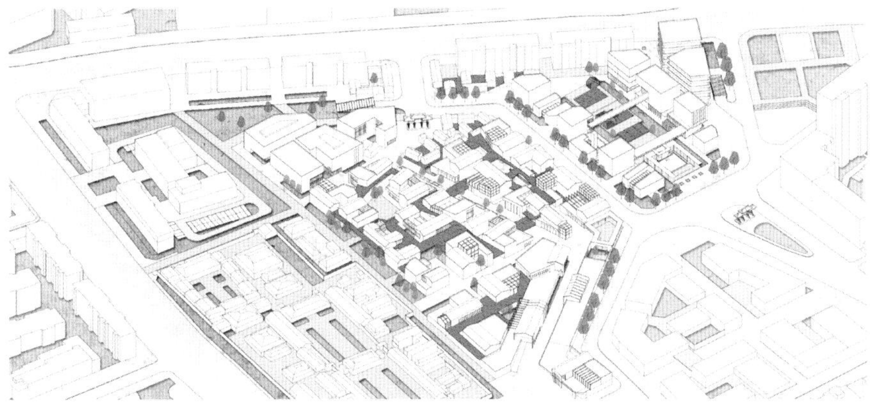

3. 设计成果

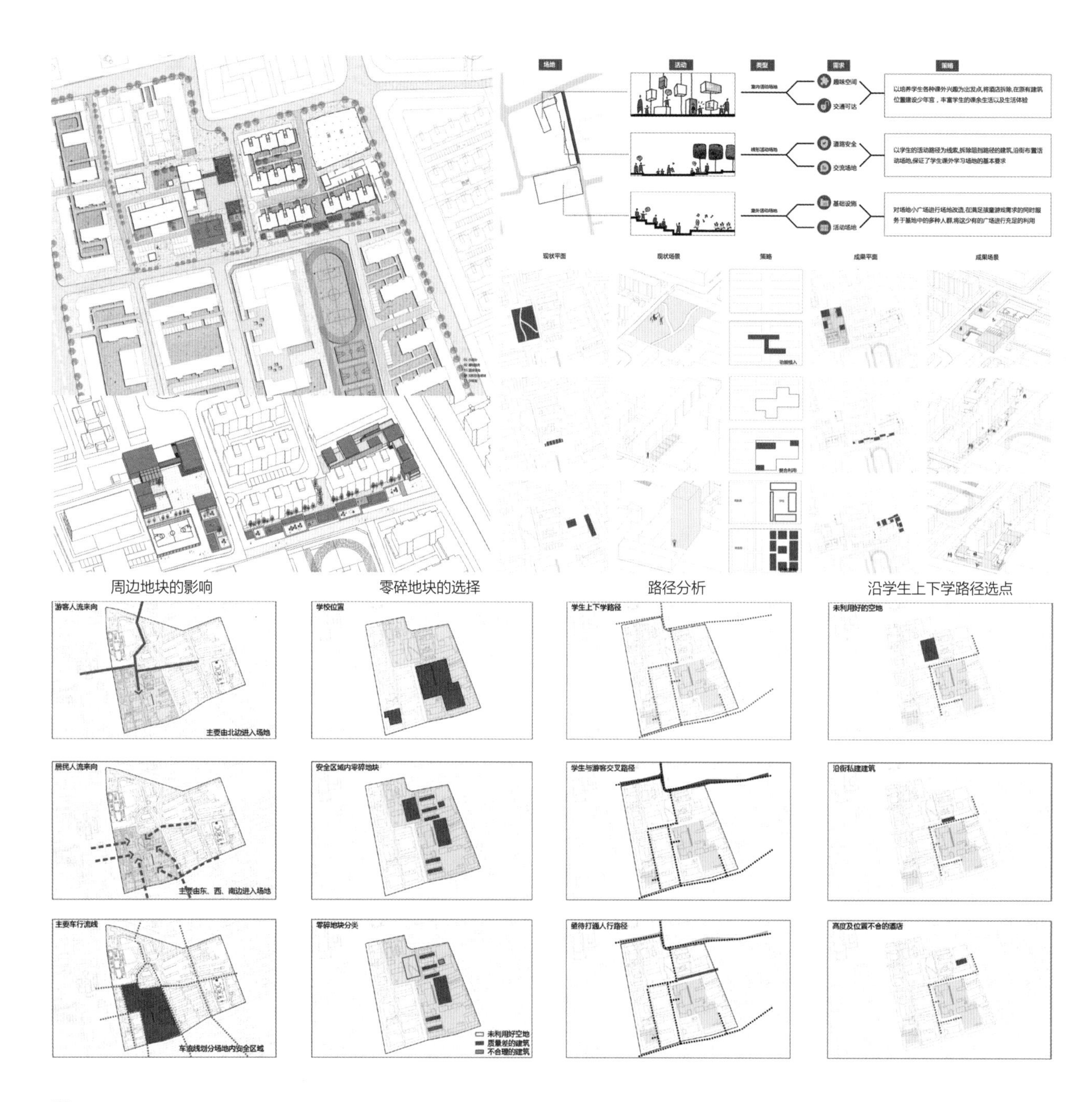

场地
活动
类型
需求
策略
室内活动场地
趣味空间
交通可达
以培养学生各种课外兴趣为出发点,将酒店拆除,在原有建筑位置建设少年宫，丰富学生的课余生活以及生活体验
线形活动场地
道路安全
交流场地
以学生的活动路径为线索,拆除阻挡路径的建筑,沿街布置活动场地,保证了学生课外学习场地的基本要求
室外活动场地
基础设施
活动场地
对场地小广场进行场地改造,在满足孩童游戏需求的同时服务于基地中的多种人群,将这少有的广场进行充足的利用
现状平面
现状场景
策略
成果平面
成果场景
周边地块的影响
零碎地块的选择
路径分析
沿学生上下学路径选点
游客人流来向
主要由北边进入场地
学校位置
学生上下学路径
未利用好的空地
居民人流来向
主要由东、西、南边进入场地
安全区域内零碎地块
学生与游客交叉路径
沿街私建建筑
主要车行流线
车道线划分场地内安全区域
零碎地块分类
未利用好空地
质量差的建筑
不合理的建筑
亟待打通人行路径
高度及位置不合的酒店

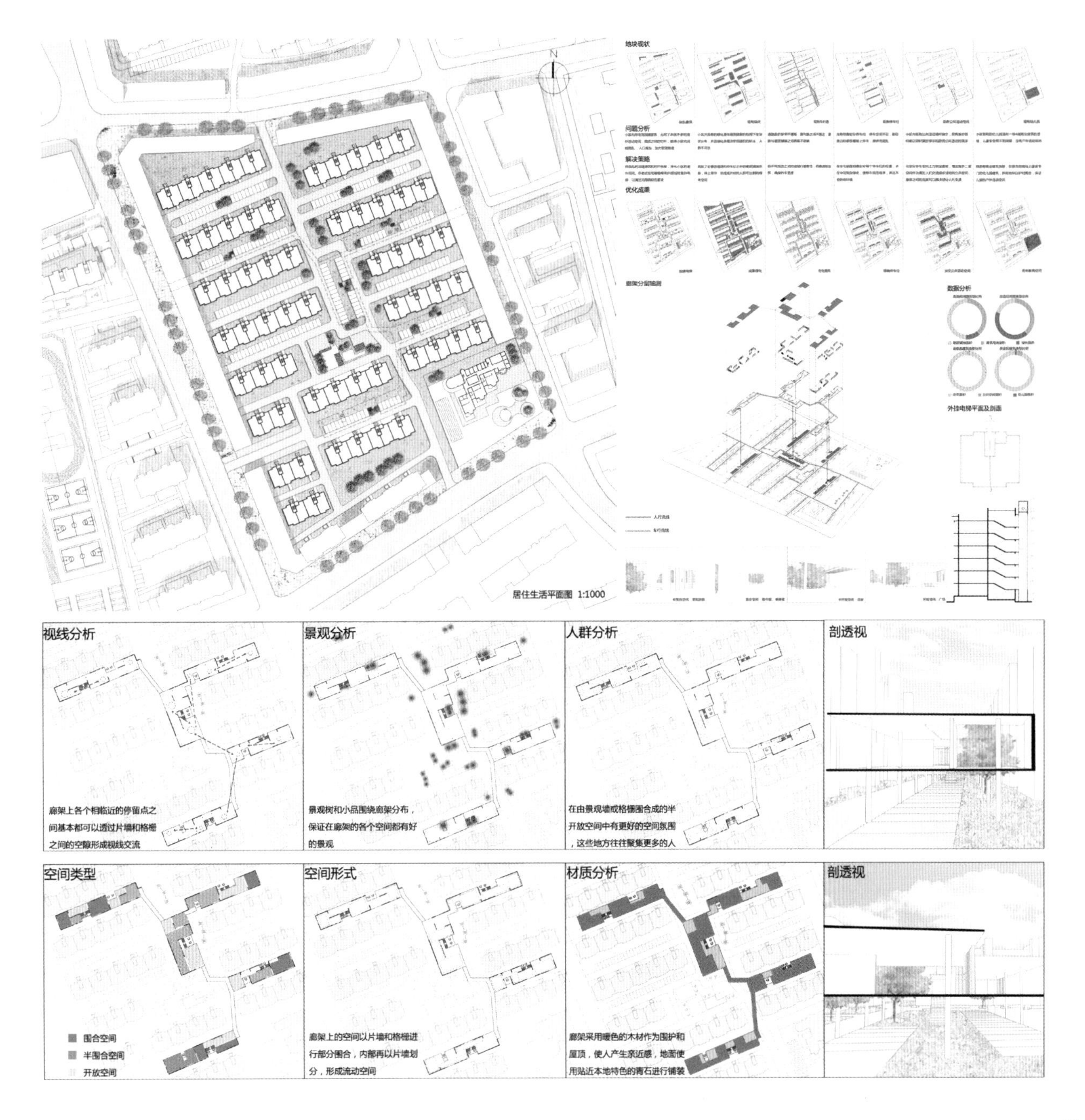
N
居住生活平面图 1:1000
地块现状
问题分析
解决策略
优化成果
廊架分层轴测
人行流线
车行流线
数据分析
外挂电梯平面及剖面
视线分析
廊架上各个相临近的停留点之
间基本都可以透过片墙和格栅
之间的空隙形成视线交流
景观分析
景观树和小品围绕廊架分布，
保证在廊架的各个空间都有好
的景观
人群分析
在由景观墙或格栅围合成的半
开放空间中有更好的空间氛围
，这些地方往往聚集更多的人
剖透视
空间类型
围合空间
半围合空间
开放空间
空间形式
廊架上的空间以片墙和格栅进
行部分围合，内部再以片墙划
分，形成流动空间
材质分析
廊架采用暖色的木材作为围护和
屋顶，使人产生亲近感，地面使
用贴近本地特色的青石进行铺装
剖透视

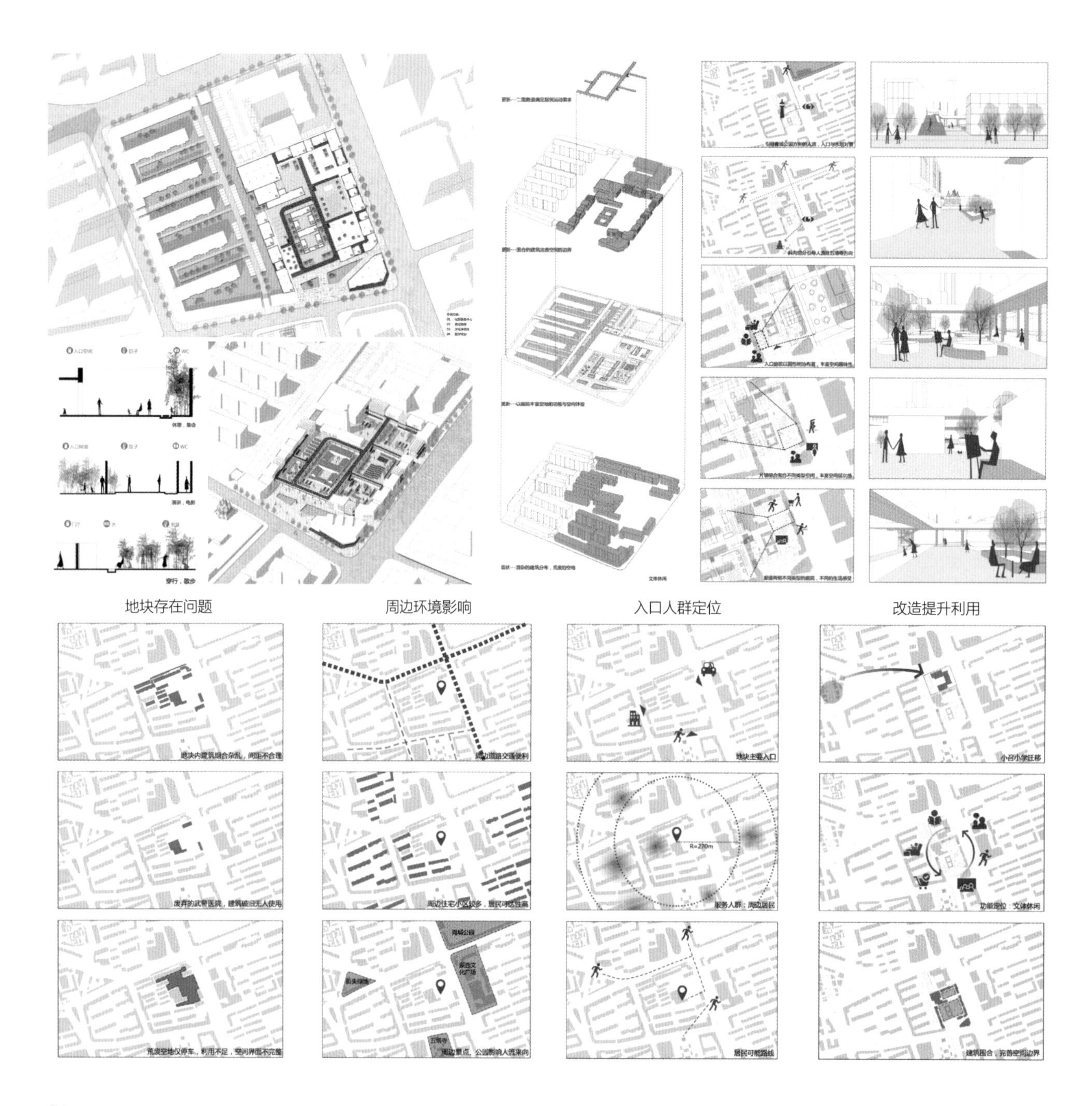
地块存在问题
周边环境影响
入口人群定位
改造提升利用
地块内建筑组合杂乱，间距不合理
周边道路交通便利
地块主要入口
小召小学迁移
废弃的武警医院，建筑破旧无人使用
周边住宅小区较多，居民可达性高
R=270m
服务人群：周边居民
功能定位：文体休闲
青城公园
新西文化广场
五塔寺
荒废空地仅停车，利用不足，空间界面不完整
周边景点、公园影响人流来向
居民可能路线
建筑围合，完善空间边界

五塔寺平面图 1:1000
为什么选这个地块?
周边环境对地块的影响
整改策略
地块整改策略
五塔寺轴线与前广场轴线冲突
周边道路
梳理场地关系
梳理道路走向
五塔寺轴线与道路不统一
人流来向
确定场地入口
重新布置场地
布置不合理的前广场以及周边被侵占的场地
周边居民区的影响
确定主导轴线方向
将场地与五塔寺的轴线统一

设计心得与体会

01　设计 1——街边拾遗

乔灵

龚桠男

撒旭旭

任朴华

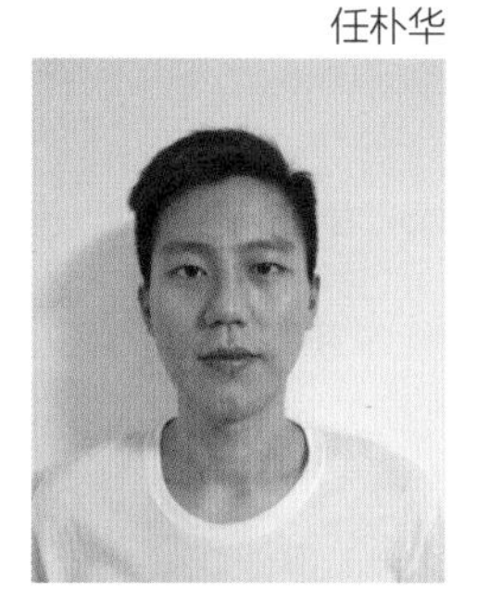

孙衡

感悟

随着城市新区开发和老区更新的成片进行，我们正面临着城市消退和城市趋同的问题，要营建具有识别性的城市格局和环境空间显得尤为重要。城市公共空间是改善城市结构和功能的空间调节器，是城市中最容易记忆、识别且最具有活力的部分。

城市设计为了什么？答案是多方面的，但市民生活的宜居性毫无疑问会是其中之一。有理由相信，在城市陆续进入用地存量发展阶段，当和谐宜居成为城市建设的重点时，这种于微观着手，对"大规划"的"小织补"将会成为一种趋势，并代表了城市设计师的一种城市态度。传统城市设计由宏观到微观、自上而下的思维逻辑并不是化解城市"信任危机"的对症良药。我们通过见微知著、四两拨千斤式的操作模式，通过对宏观叙事下的传统城市进行修整和补充，也许才能重新找回城市对市民的吸引力。

总而言之，每一位生活于城市中的市民都有提出自己诉求和塑造城市的权利，尽管这样一种集体权利往往被忽视，但它却为公众参与使用和创建城市空间提供了可能性。

过程照片

设计心得与体会

02 设计 2——散点生活

王若辰

张尊

李斐

李萍萍

朱晓晨

感悟

城市设计，不同于之前的建筑单体设计，仿佛踏入了另一个领域。这个介于建筑和规划之间又不同于二者的学科，对于我们来说是陌生的，这意味着挑战，意味着可以进一步发现更好的自己。

除了题目的新，场地也是陌生的——呼和浩特。内蒙古，是一个我从小就向往的地方，想象中是天、地、牛羊的祥和之景。然而我们真正要面对的却非理想的景象，而是更加现实的，更加真切的景象——实际的片区远离草原，老城区的景象稍显杂乱，内蒙古的特色难以体现。

为了更加深刻地理解这一课题，我们组并没有从场地本身入手，而是打算另辟蹊径，探索解决城市问题的方法，借用这一课题来验证该方法的可行性。具体做法是利用基于情景分类的修补型城市设计与研究的方法，从设定生活场景和归纳失落空间两方面在基地内选取有问题、有代表性的五个地块（寺市共生、儿童活动、居住生活、文体休闲、静心礼佛），进行修补改造，并将此作为一种解决措施作为推广，实现城市渐进式的自我更新。

最后的成果也不负大家的期望，感谢这些日子大家的一起努力。

过程照片

3.2 内蒙古工业大学

指导老师：郝占国　李冰峰

01　编织城市

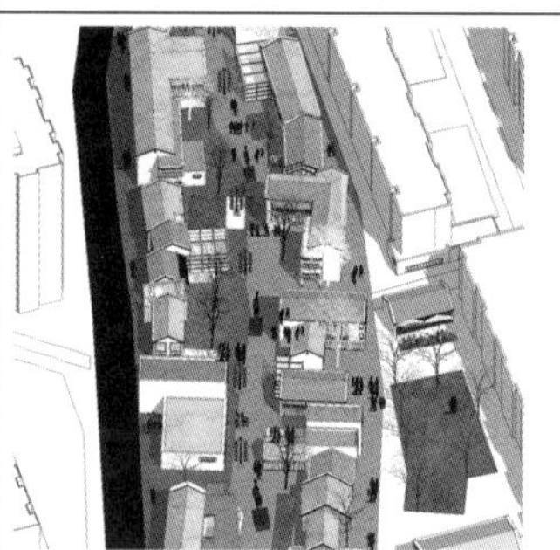

02　归绥

01 设计 1——

编织城市

范云龙 田玉坤 李翌阳 丁杨 刁聪

02 设计 2——

归绥

马永东 张新 毕秦彬 罗佳琦 刘稰

01　设计 1——编织城市

我们每一个人是充满喜怒哀乐的个体，城市也是如此。在快节奏与功利性的现代性社会中，每一座城市渐渐失去了各自的特色。我们要学会和城市对话，了解她自身的独白，我们希望可以用我们的设计来治愈其身上的伤口重新唤起昔日的记忆与辉煌。

我们希望每一个来到编织城市当中的人，无论是诗人、建筑师、作家、还是流浪汉，都可以在自己的城市里，享受生活的美好，文化的洗礼。他们是空间的主人而非匆匆的过客，他们会充满自豪感、归属感、自豪感。

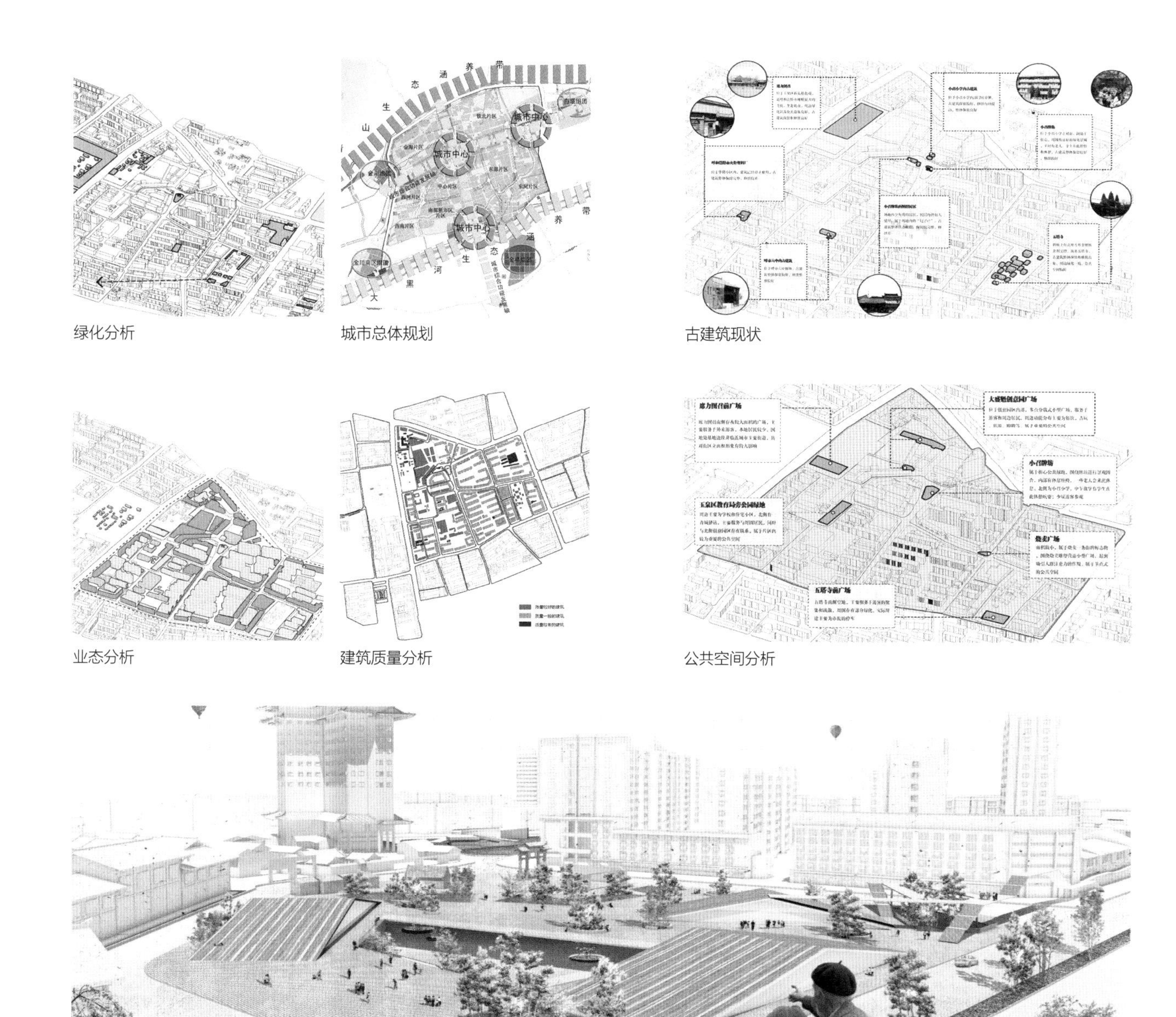

绿化分析

城市总体规划

古建筑现状

业态分析

建筑质量分析

公共空间分析

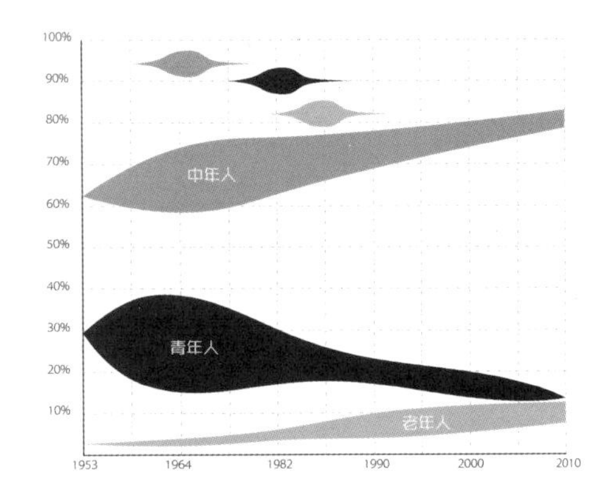

玉泉区作为呼和浩特市的发祥地，文物古迹众多，文化底蕴深厚，有着430多年的历史，东与赛罕区毗邻，西、南与土左旗接壤，北与回民区相邻。辖区总面积258km^2，人口总数38.3万，其中蒙古族约3.4万，是一个以蒙古族为主体少数民族的多民族聚居区。

基地位于玉泉区的中心地区，是一个人口密集且人群种类丰富的地区。经过查阅大量资料并进行一定的实地调研，我们发现片区内多为老年人以及儿童来使用室外的公共活动场地，而片区内的中年人和青年人多为外地的游客以及在片区内工作的人。

综上所述，我们明确了片区内不同地区的室外活动场地服务于不同的人群，强调人性化的设计，将历史与人文深入结合。

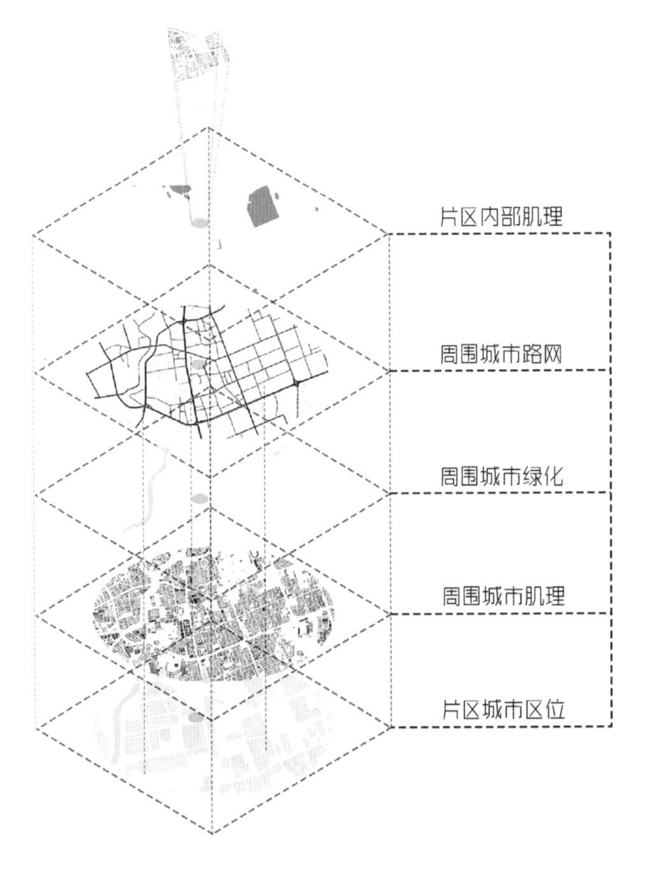

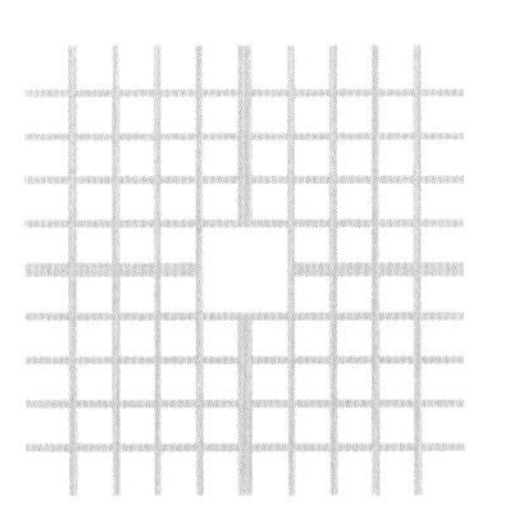

Traditional urban layout
传统城市布局

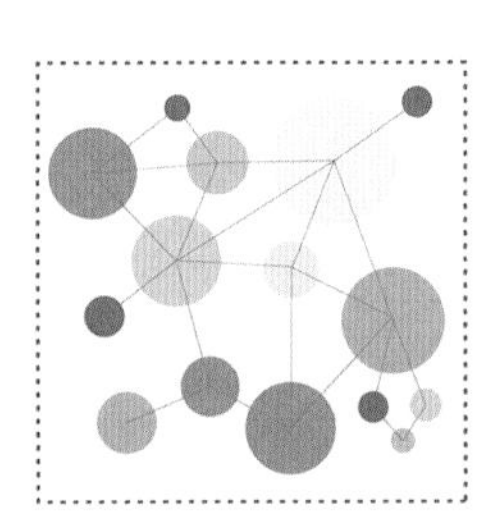

The layout of cities in the 21st century
21世纪城市布局

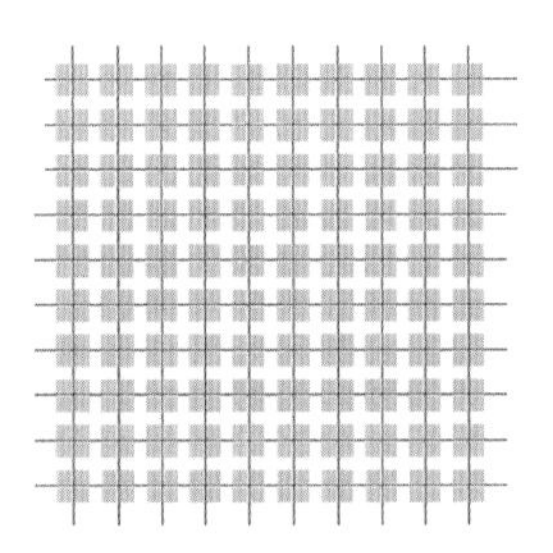

Traditional landscape and public space layout
传统景观和公共空间布局

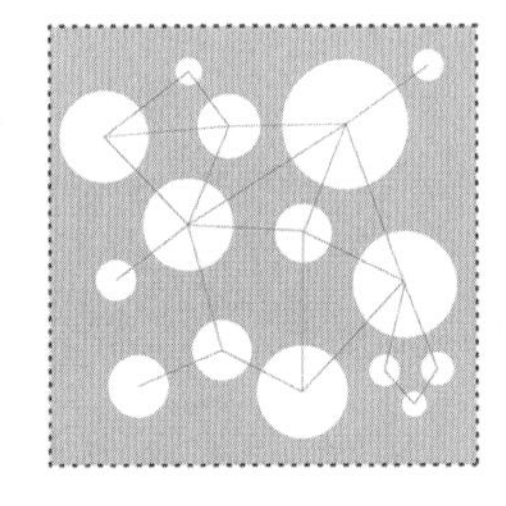

Landscape and public space layout in the 21st century
21世纪景观和公共空间布局

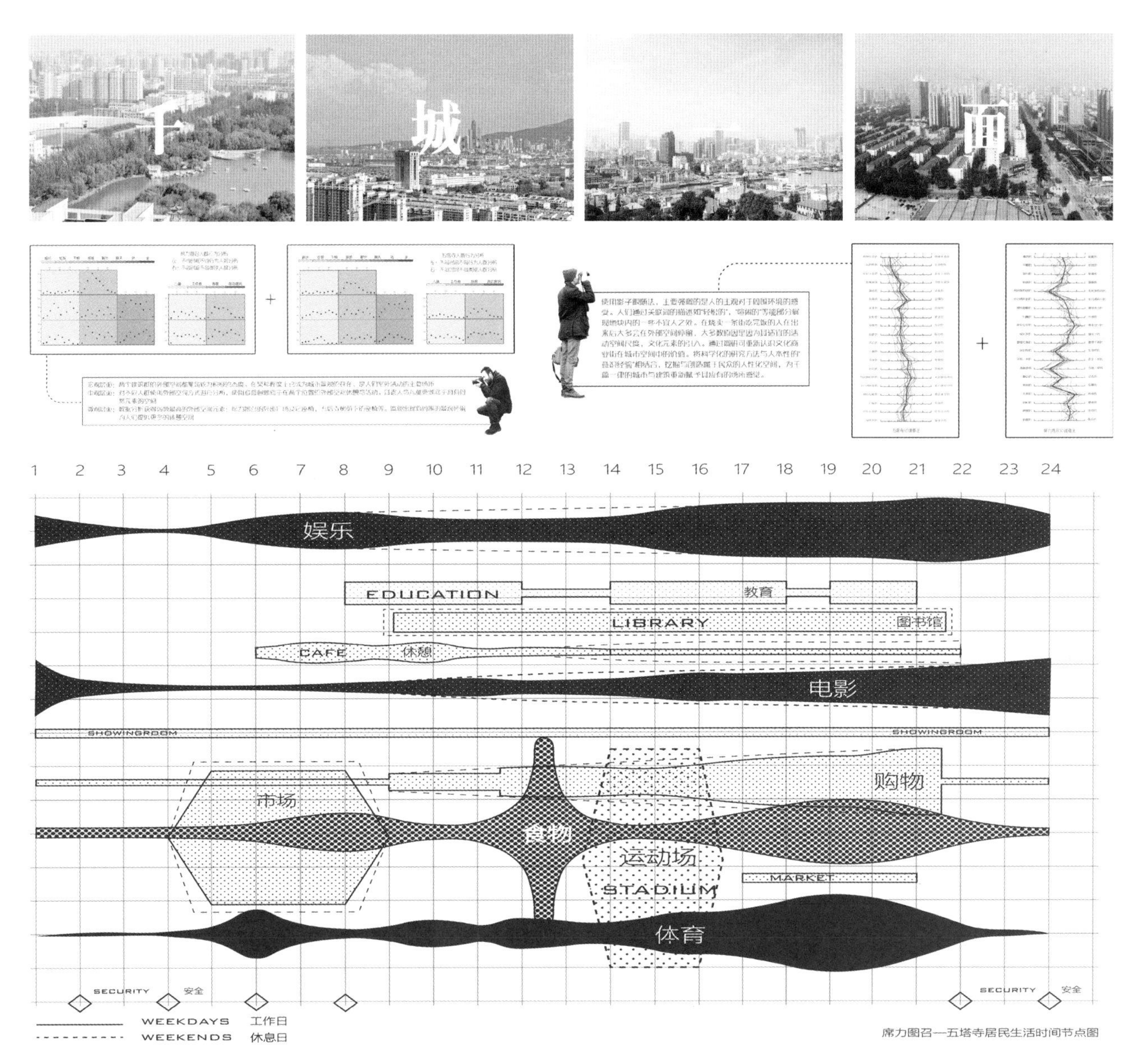

席力图召—五塔寺居民生活时间节点图

横轴代表一天24h不同时间段，纵轴代表居民在工作日和休息日不同时间段下，不同生活活动的发生频率。通过前期调研分析，我们希望寻求一个不同活动、不同场地、不同人群所共有的特征，以此作为我们城市设计的具体落脚点，进行设计。

3. 设计成果

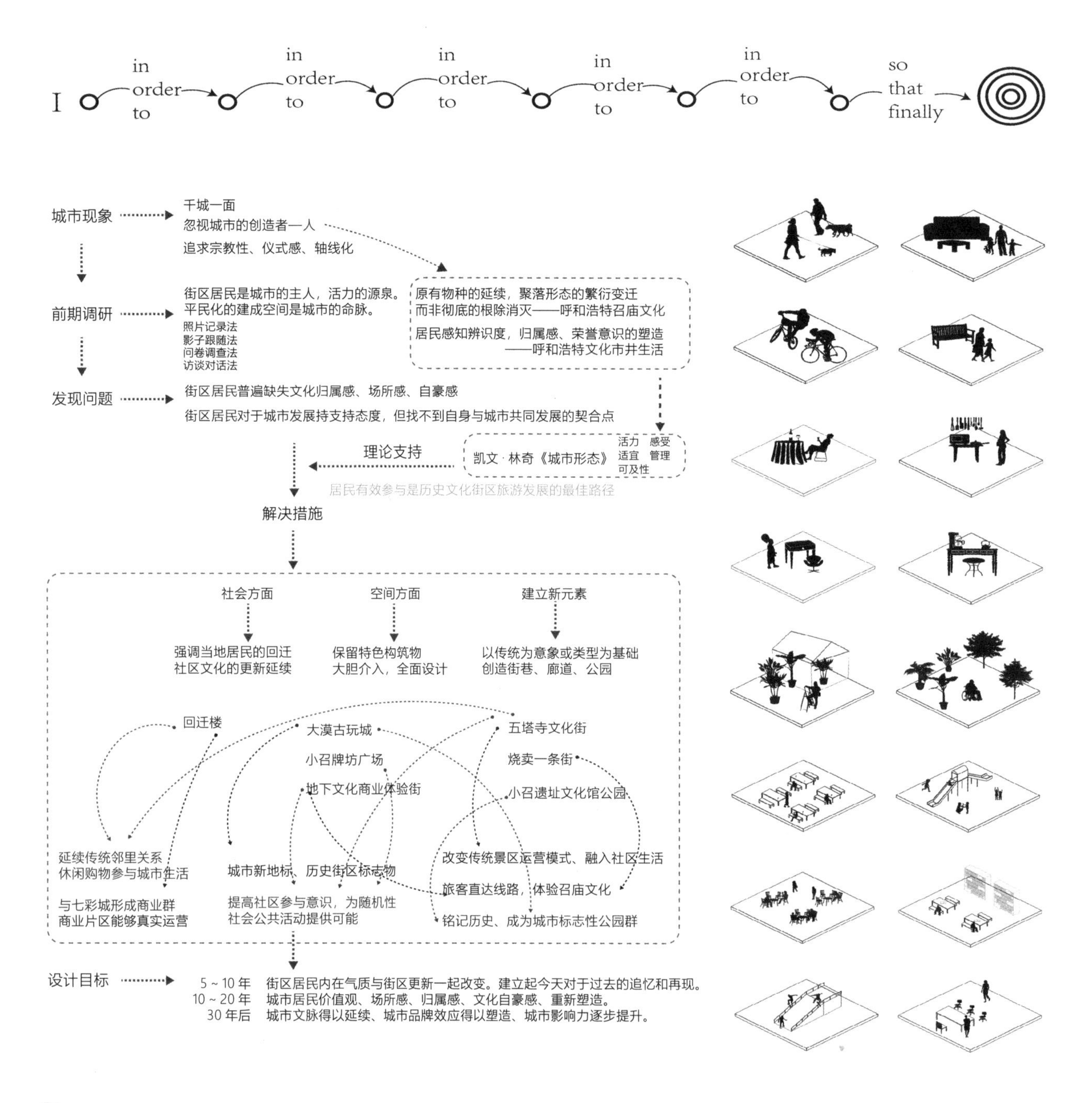

I
in order to
in order to
in order to
in order to
in order to
so that finally
城市现象
千城一面
忽视城市的创造者—人
追求宗教性、仪式感、轴线化
前期调研
街区居民是城市的主人，活力的源泉。
平民化的建成空间是城市的命脉。
照片记录法
影子跟随法
问卷调查法
访谈对话法
原有物种的延续，聚落形态的繁衍变迁
而非彻底的根除消灭——呼和浩特召庙文化
居民感知辨识度，归属感、荣誉意识的塑造
——呼和浩特文化市井生活
发现问题
街区居民普遍缺失文化归属感、场所感、自豪感
街区居民对于城市发展持支持态度，但找不到自身与城市共同发展的契合点
理论支持
凯文·林奇《城市形态》
活力 感受
适宜 管理
可及性
居民有效参与是历史文化街区旅游发展的最佳路径
解决措施
社会方面
空间方面
建立新元素
强调当地居民的回迁
社区文化的更新延续
保留特色构筑物
大胆介入，全面设计
以传统为意象或类型为基础
创造街巷、廊道、公园
回迁楼
大漠古玩城
小召牌坊广场
地下文化商业体验街
五塔寺文化街
烧卖一条街
小召遗址文化馆公园
延续传统邻里关系
休闲购物参与城市生活
与七彩城形成商业群
商业片区能够真实运营
城市新地标、历史街区标志物
提高社区参与意识，为随机性
社会公共活动提供可能
改变传统景区运营模式、融入社区生活
旅客直达线路，体验召庙文化
铭记历史、成为城市标志性公园群
设计目标
5～10年 街区居民内在气质与街区更新一起改变。建立起今天对于过去的追忆和再现。
10～20年 城市居民价值观、场所感、归属感、文化自豪感、重新塑造。
30年后 城市文脉得以延续、城市品牌效应得以塑造、城市影响力逐步提升。

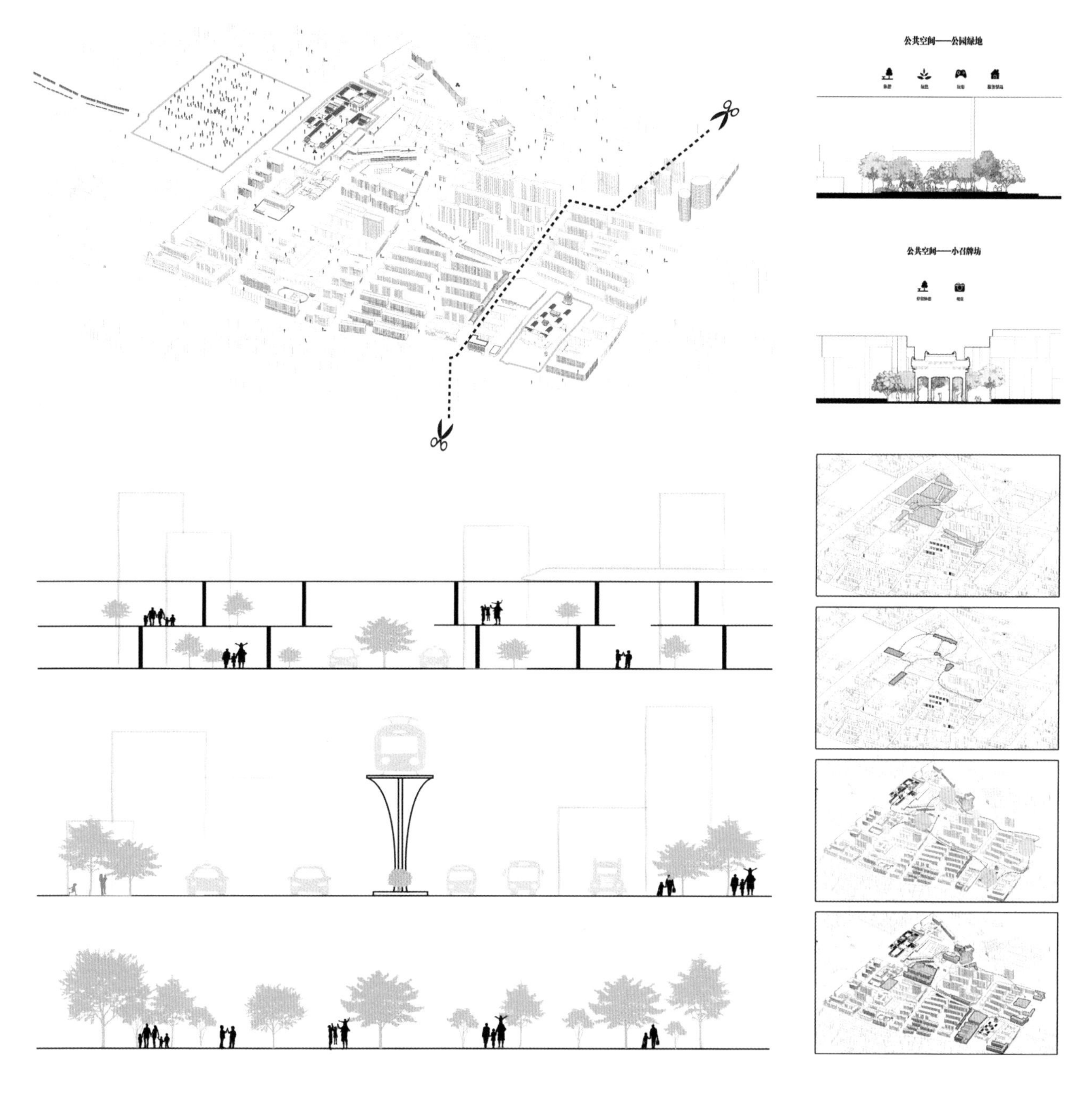
公共空间——公园绿地
公共空间——小召牌坊

小召文化商业地下街
YOUNG CLUB

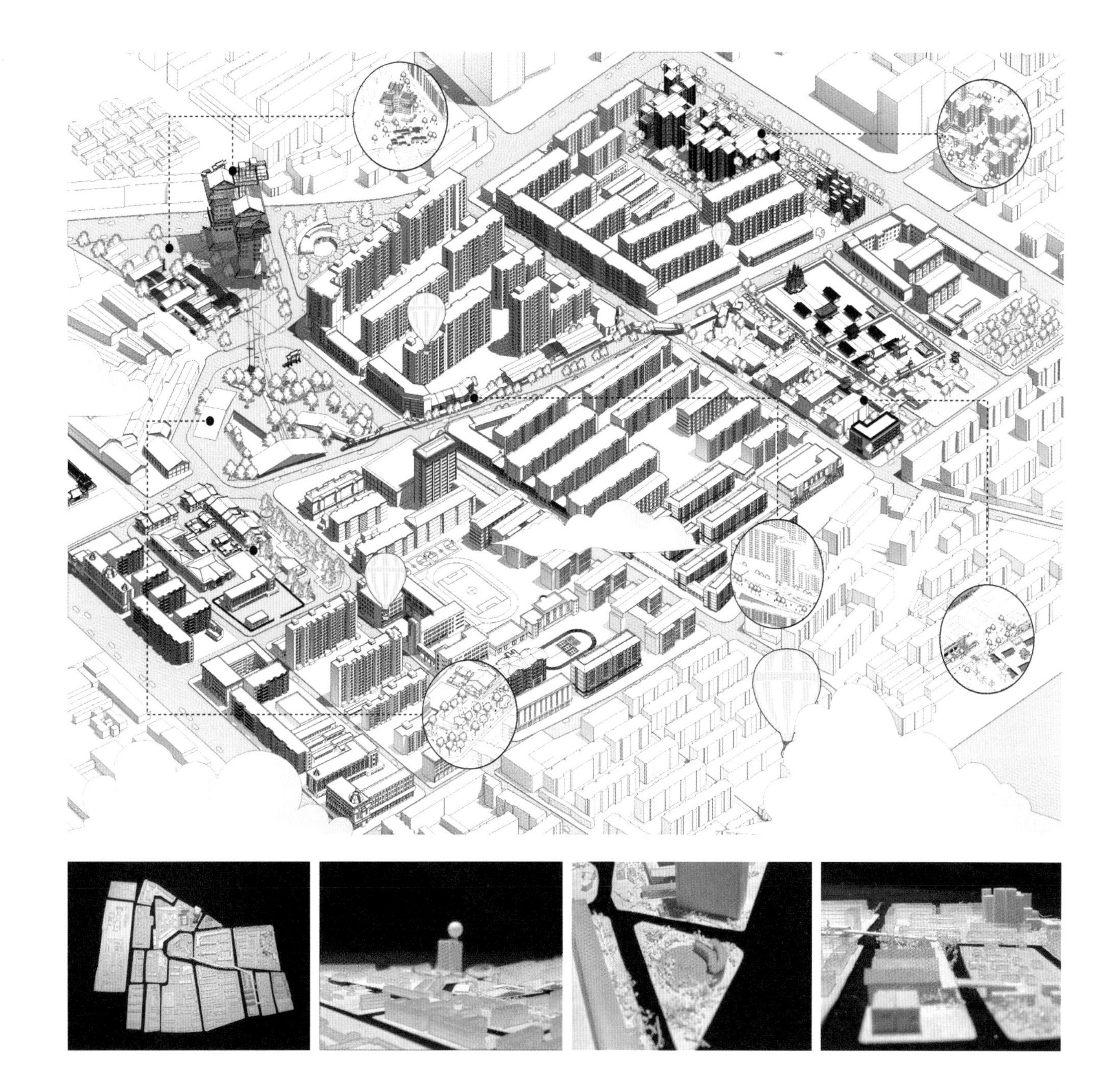

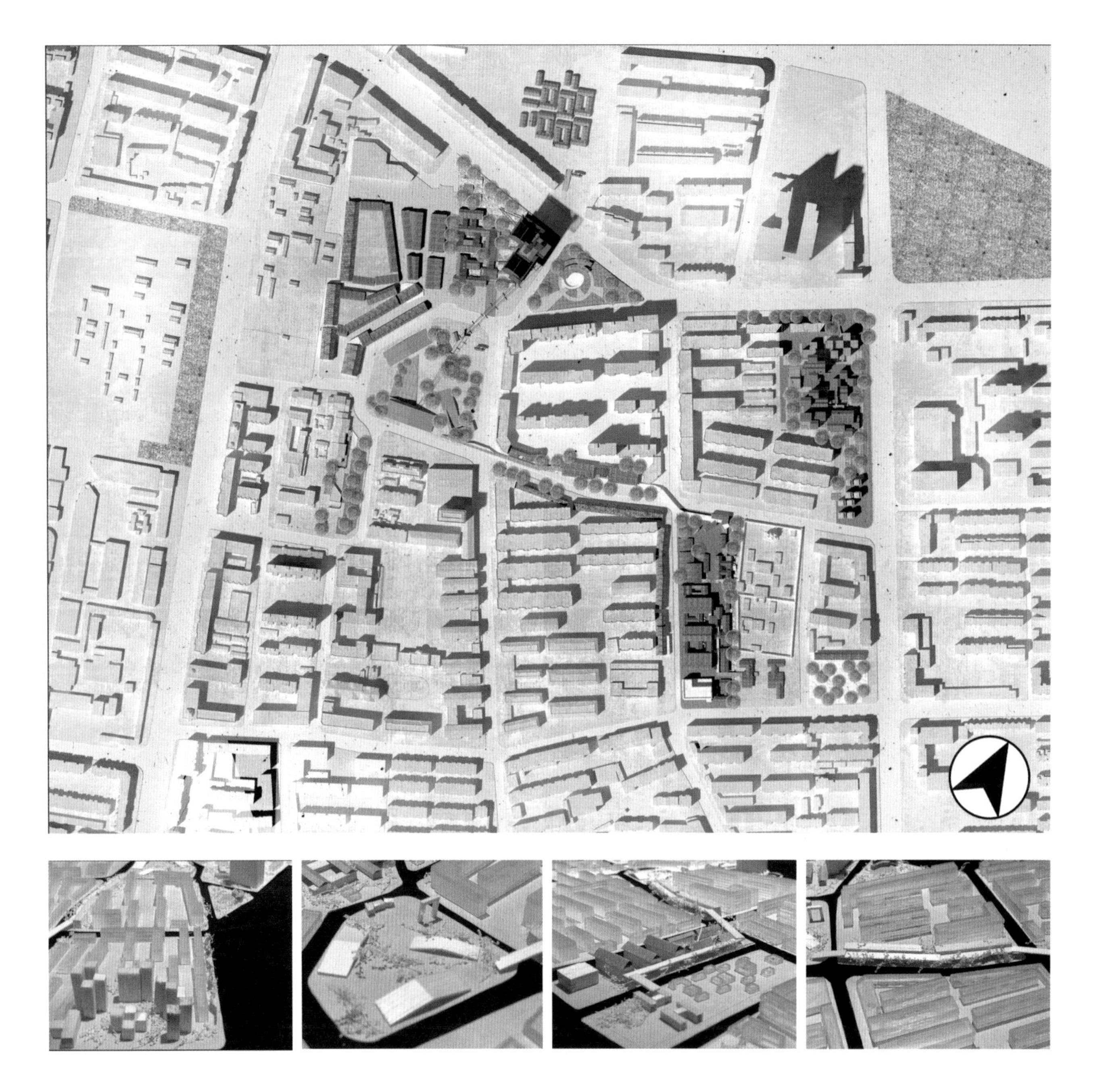

02　设计 2——归绥

自俺答汗踏上这片土地起，建内外城，设召庙，自此发展因寺兴市、依市而居。经过时间的洗礼、历史文脉与生活方式的流变、商业的兴衰，除部分古建的遗存，城市整体风貌俨然同化为现代都市场景，但老城人的灵魂与生活却传承着老城的文化。今天，老城重拾被忽视已久的传统文化。引入旅游业带来了一定的经济效益，但因地理位置特殊等原因带来的时段性兴盛与长期居住于此的居民生活建设形成尴尬的局面，造成空间浪费。

为化解尴尬，激活老城区，打造城市名片，完善整体性文化体验，老商贾自发性转化业态，阶段性更新业态以适应消费对象变化。本设计旨在回溯历史、为老城注入新活力，达到城区持续性兴盛效果。

更新模式：回溯与创新、自上而下与自下而上并进

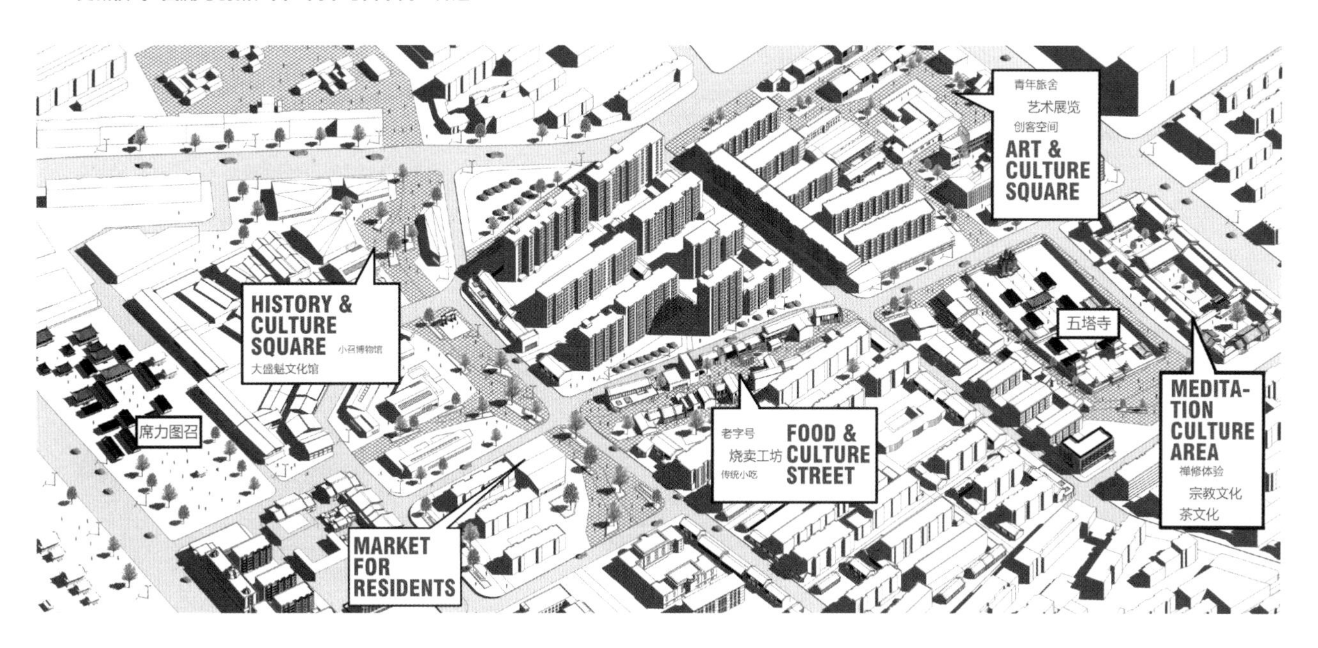

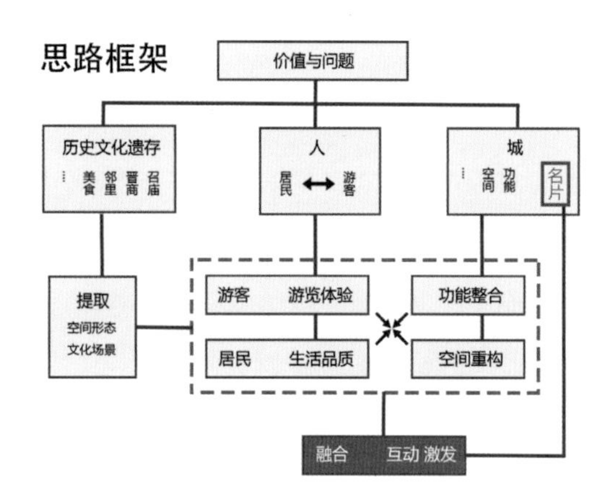

思路框架
价值与问题
历史文化遗存
召庙
晋商
邻里
美食
…
人
居民
游客
城
功能
空间
…
名片
提取
空间形态
文化场景
游客
游览体验
居民
生活品质
功能整合
空间重构
融合
互动 激发

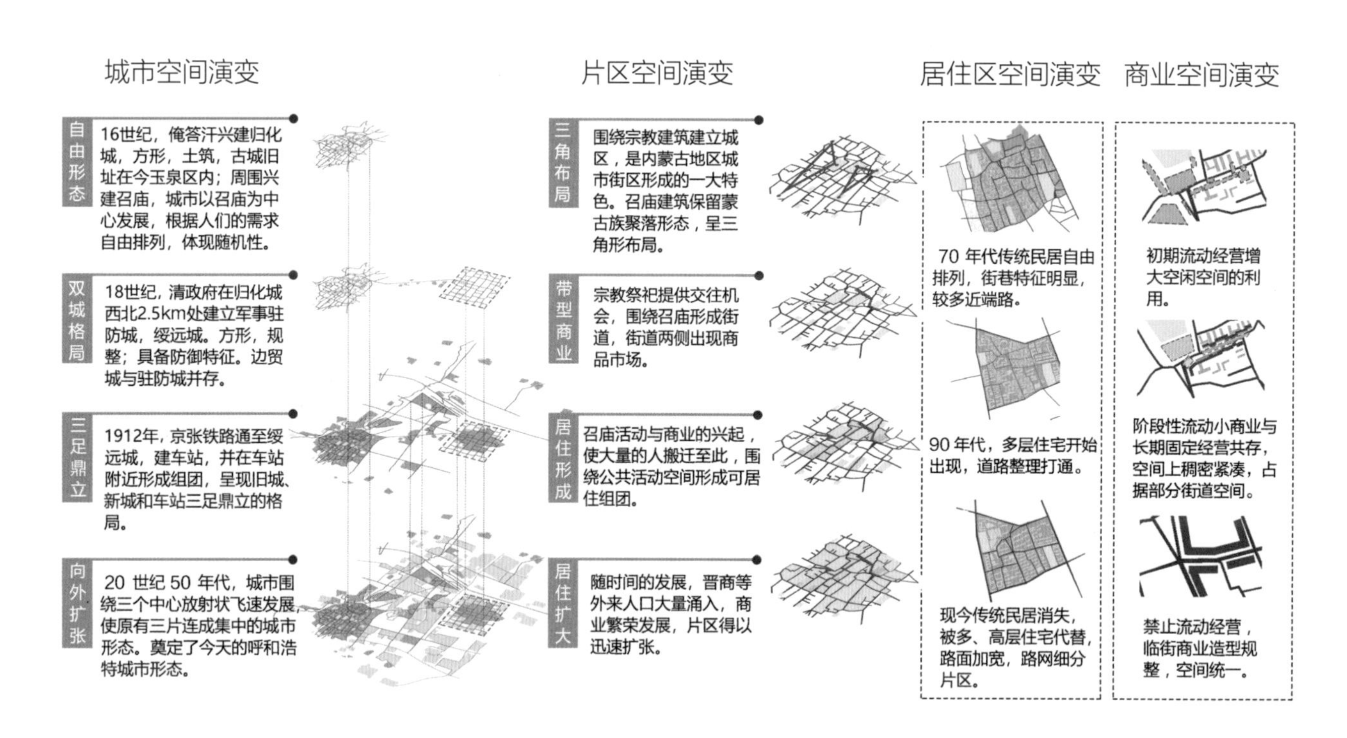

城市空间演变
自由形态
16世纪，俺答汗兴建归化城，方形，土筑，古城旧址在今玉泉区内；周围兴建召庙，城市以召庙为中心发展，根据人们的需求自由排列，体现随机性。
双城格局
18世纪，清政府在归化城西北2.5km处建立军事驻防城，绥远城。方形，规整；具备防御特征。边贸城与驻防城并存。
三足鼎立
1912年，京张铁路通至绥远城，建车站，并在车站附近形成组团，呈现旧城、新城和车站三足鼎立的格局。
向外扩张
20 世纪 50 年代，城市围绕三个中心放射状飞速发展，使原有三片连成集中的城市形态。奠定了今天的呼和浩特城市形态。
片区空间演变
三角布局
围绕宗教建筑建立城区，是内蒙古地区城市街区形成的一大特色。召庙建筑保留蒙古族聚落形态，呈三角形布局。
带型商业
宗教祭祀提供交往机会，围绕召庙形成街道，街道两侧出现商品市场。
居住形成
召庙活动与商业的兴起，使大量的人搬迁至此，围绕公共活动空间形成可居住组团。
居住扩大
随时间的发展，晋商等外来人口大量涌入，商业繁荣发展，片区得以迅速扩张。
居住区空间演变
70 年代传统民居自由排列，街巷特征明显，较多近端路。
90 年代，多层住宅开始出现，道路整理打通。
现今传统民居消失，被多、高层住宅代替，路面加宽，路网细分片区。
商业空间演变
初期流动经营增大空闲空间的利用。
阶段性流动小商业与长期固定经营共存，空间上稠密紧凑，占据部分街道空间。
禁止流动经营，临街商业造型规整，空间统一。

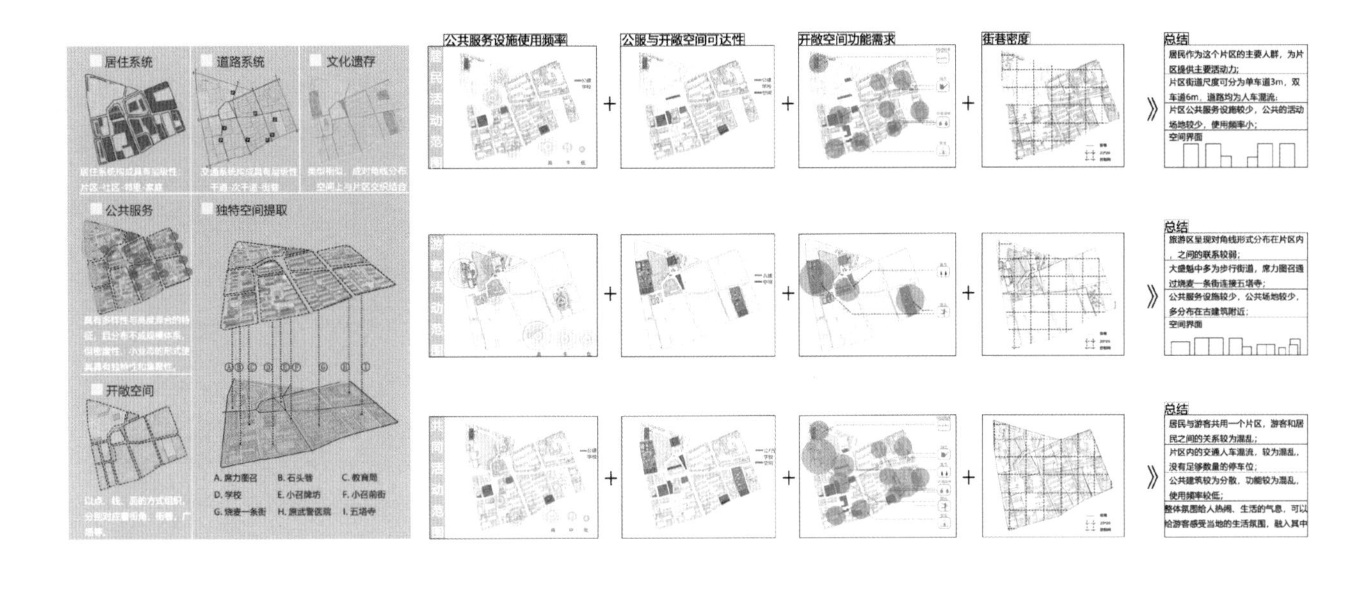
居住系统
道路系统
文化遗存
公共服务
独特空间提取
开敞空间
A. 席力图召 B. 石头巷 C. 教育局
D. 学校 E. 小召牌坊 F. 小召前街
G. 烧麦一条街 H. 康武警医院 I. 五塔寺
公共服务设施使用频率
公服与开敞空间可达性
开敞空间功能需求
街巷密度
总结
居民作为这个片区的主要人群，为片区提供主要活动力；
片区街道尺度可分为单车道3m、双车道6m，道路均为人车混流；
片区公共服务设施较少，公共的活动场地较少，使用频率小；
空间界面
总结
旅游区呈现对角线形式分布在片区内，之间的联系较弱；
大盛魁中多为步行街道，席力图召通过烧麦一条街连接五塔寺；
公共服务设施较少，公共场地较少，多分布在古建筑附近；
空间界面
总结
居民与游客共用一个片区，游客和居民之间的关系较为混乱；
片区内的交通人车混流，较为混乱，没有足够数量的停车位；
公共建筑较为分散，功能较为混乱，使用频率较低；
整体氛围给人热闹、生活的气息，可以给游客感受当地的生活氛围，融入其中

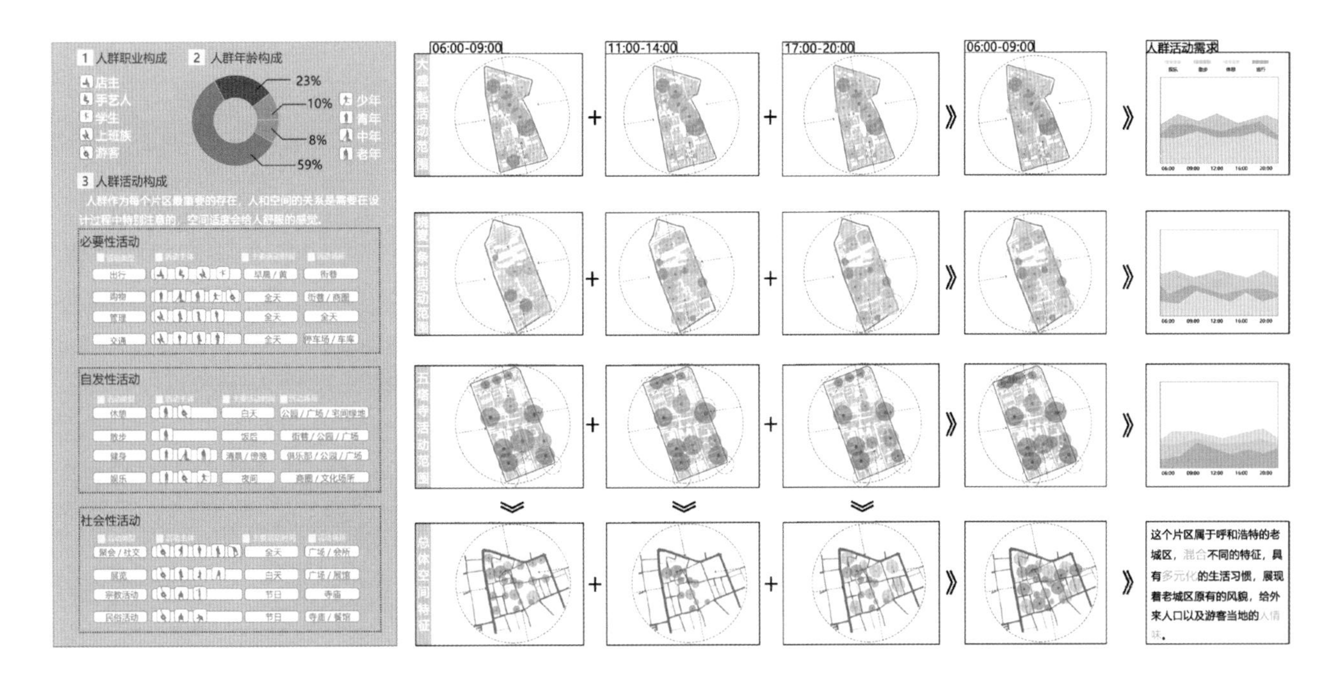
1 人群职业构成
店主
手艺人
学生
上班族
游客
2 人群年龄构成
23%
10%
8%
59%
少年
青年
中年
老年
3 人群活动构成
人群作为每个片区最重要的存在，人和空间的关系是需要在设计过程中特别注意的，空间适度会给人舒服的感觉。
必要性活动
出行
早晨 / 黄
街巷
购物
全天
街巷 / 商圈
管理
全天
全天
交通
全天
停车场 / 车库
自发性活动
休憩
白天
公园 / 广场 / 宅间绿地
散步
饭后
街巷 / 公园 / 广场
健身
清晨 / 傍晚
俱乐部 / 公园 / 广场
娱乐
夜间
商圈 / 文化场所
社会性活动
聚会 / 社交
全天
广场 / 饭店
展览
白天
广场 / 展馆
宗教活动
节日
寺庙
民俗活动
节日
寺庙 / 餐馆
06:00-09:00
11:00-14:00
17:00-20:00
06:00-09:00
人群活动需求
大盛魁活动范围
烧麦一条街活动范围
五塔寺活动范围
总体空间特征
这个片区属于呼和浩特的老城区，混合不同的特征，具有多元化的生活习惯，展现着老城区原有的风貌，给外来人口以及游客当地的人情味。

街区现状

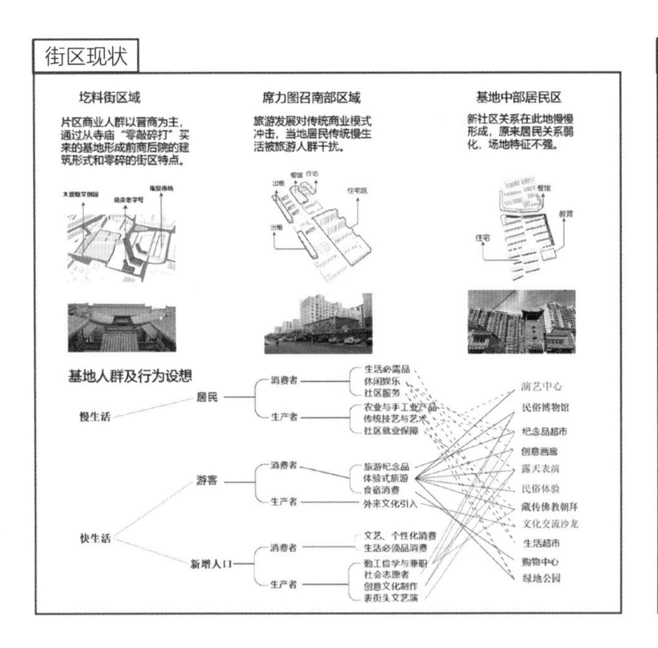

片区定位问题

基地空间问题

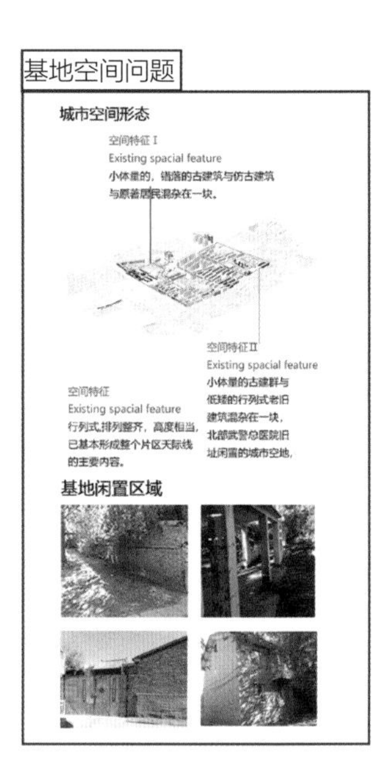

问卷调查

问题总结

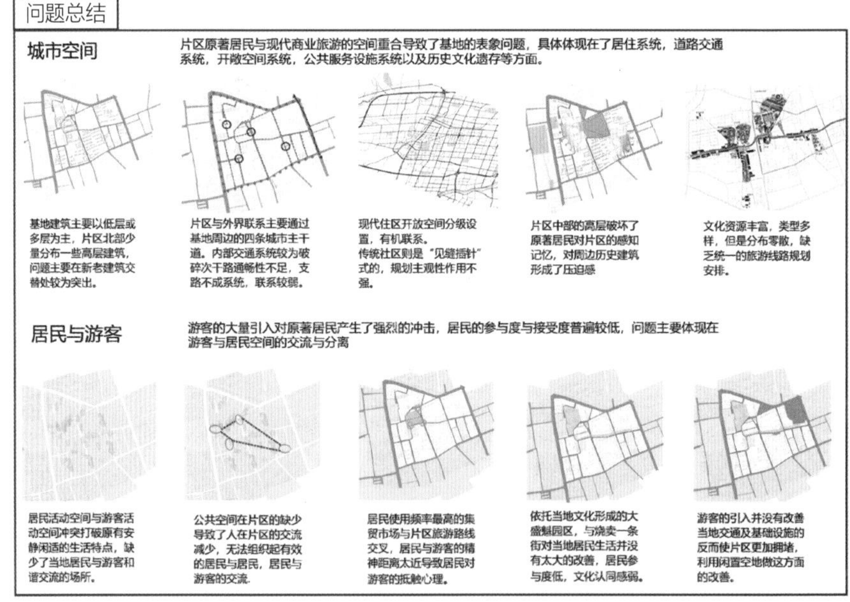

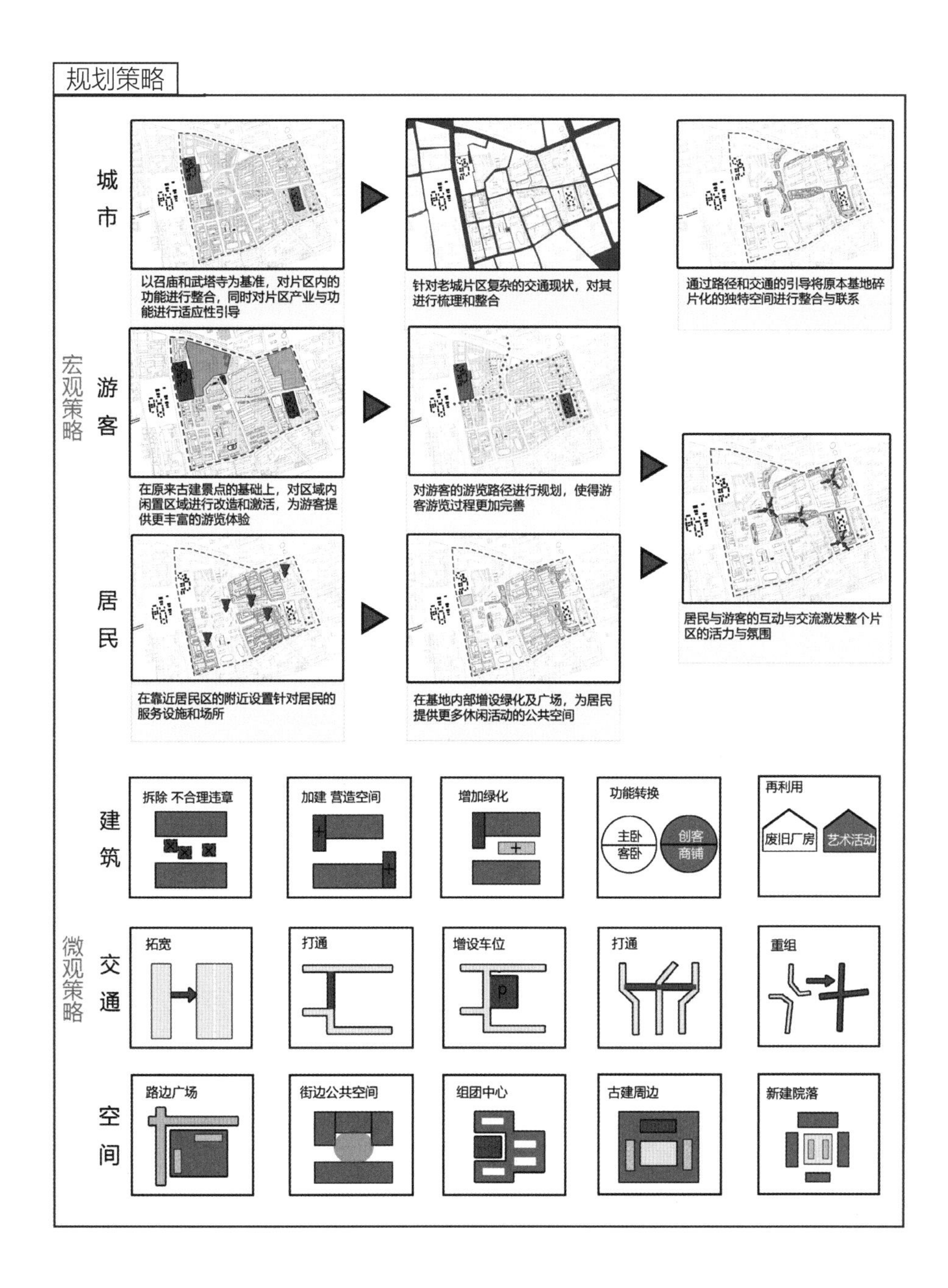
规划策略
宏观策略
城市
以召庙和武塔寺为基准，对片区内的功能进行整合，同时对片区产业与功能进行适应性引导
针对老城片区复杂的交通现状，对其进行梳理和整合
通过路径和交通的引导将原本基地碎片化的独特空间进行整合与联系
游客
在原来古建景点的基础上，对区域内闲置区域进行改造和激活，为游客提供更丰富的游览体验
对游客的游览路径进行规划，使得游客游览过程更加完善
居民与游客的互动与交流激发整个片区的活力与氛围
居民
在靠近居民区的附近设置针对居民的服务设施和场所
在基地内部增设绿化及广场，为居民提供更多休闲活动的公共空间
微观策略
建筑
拆除 不合理违章
加建 营造空间
增加绿化
功能转换
主卧
客卧
创客
商铺
再利用
废旧厂房
艺术活动
交通
拓宽
打通
增设车位
打通
重组
空间
路边广场
街边公共空间
组团中心
古建周边
新建院落

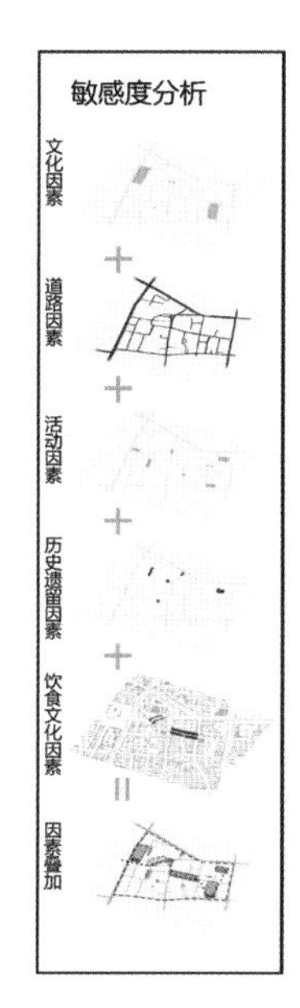
敏感度分析
文化因素
道路因素
活动因素
历史遗留因素
饮食文化因素
因素叠加

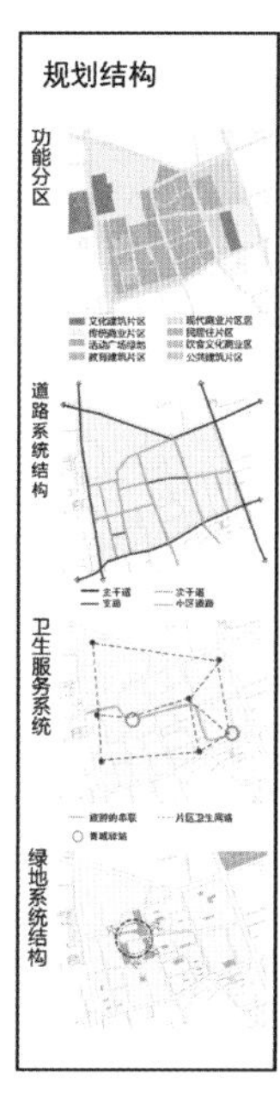
规划结构
功能分区
道路系统结构
卫生服务系统
绿地系统结构

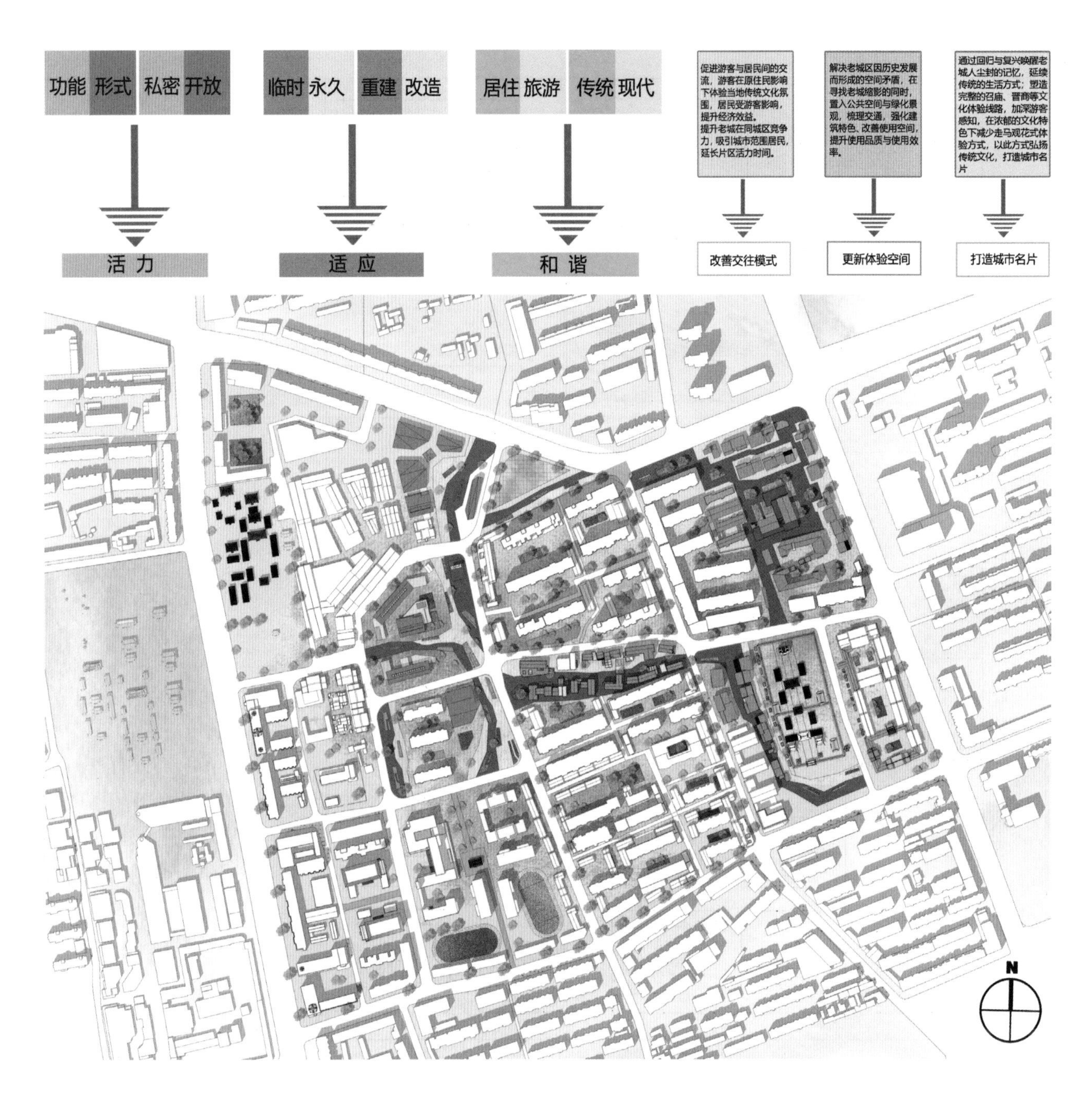
功能 形式 私密 开放
活 力
临时 永久 重建 改造
适 应
居住 旅游 传统 现代
和 谐
促进游客与居民间的交流，游客在原住民影响下体验当地传统文化氛围，居民受游客影响，提升经济效益。
提升老城在同城区竞争力，吸引城市范围居民，延长片区活力时间。
改善交往模式
解决老城区因历史发展而形成的空间矛盾，在寻找老城缩影的同时，置入公共空间与绿化景观，梳理交通，强化建筑特色、改善使用空间，提升使用品质与使用效率。
更新体验空间
通过回归与复兴唤醒老城人尘封的记忆，延续传统的生活方式；塑造完整的召庙、晋商等文化体验线路，加深游客感知，在浓郁的文化特色下减少走马观花式体验方式，以此方式弘扬传统文化，打造城市名片
打造城市名片
N

小召文化馆
大盛魁文化馆
席力图召
圪料街
家庙
茶文化、禅修
商业步行街
五塔寺
基地生成
基地现状
片区整合
道路梳理
功能梳理
方案解读
空间可达性
人流分析
功能分区
绿化渗透
基地生成
五塔寺西
五塔寺东
方案解读
空间可达性
人流分析
步行线路
线路分析
功能分析
绿化渗透

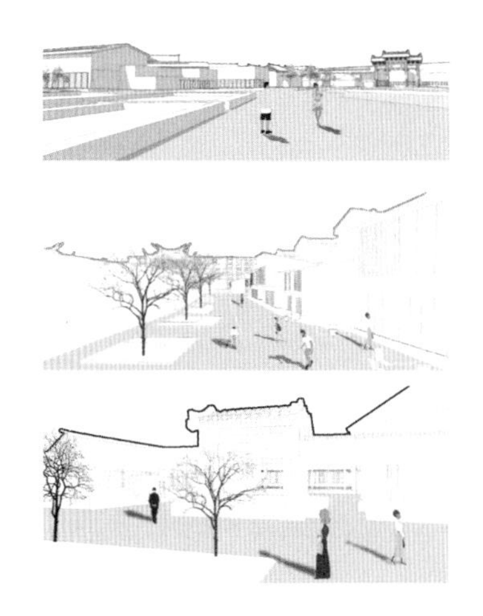

3. 设计成果

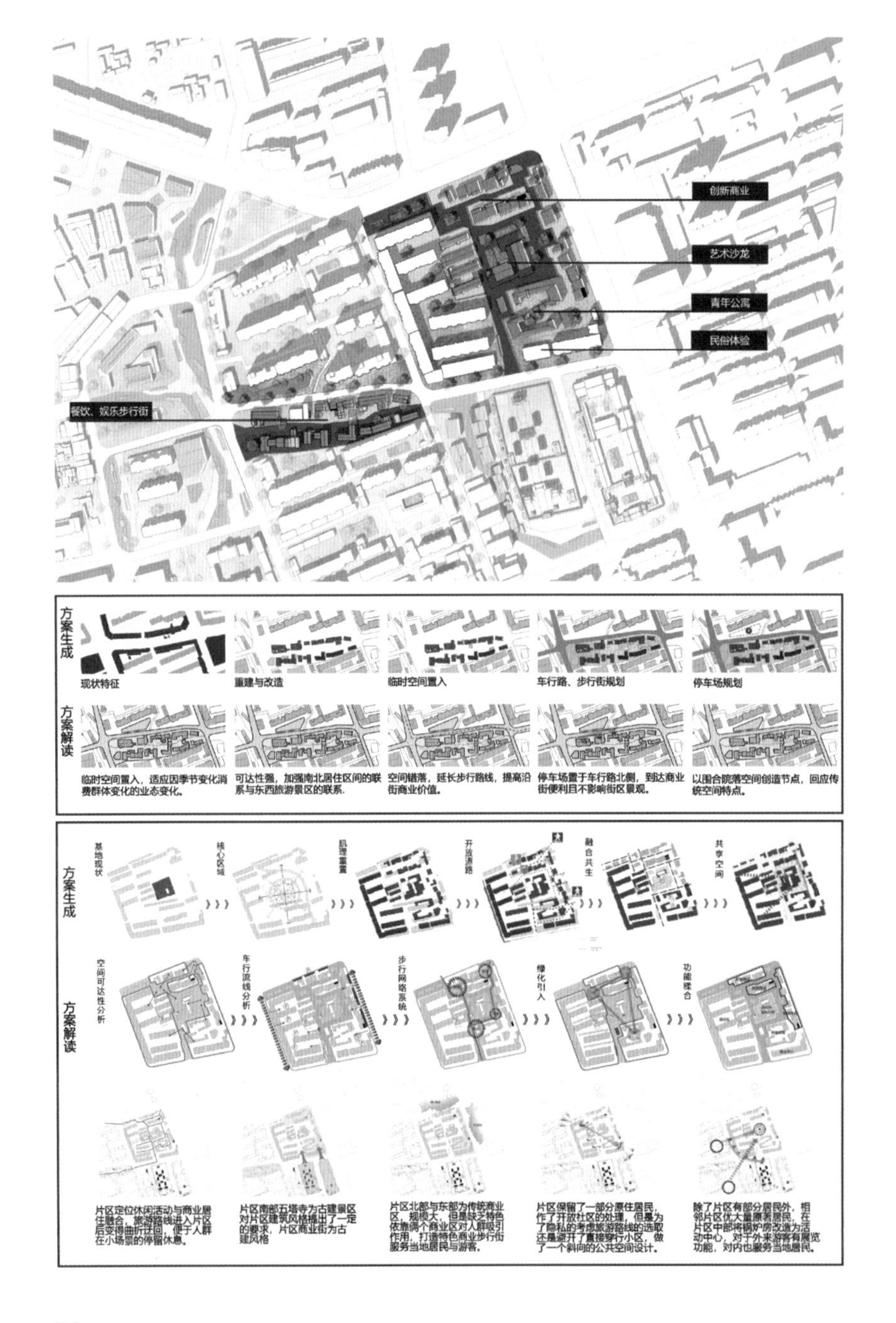

创新商业
艺术沙龙
青年公寓
民俗体验
餐饮、娱乐步行街
方案生成
现状特征
重建与改造
临时空间置入
车行路、步行街规划
停车场规划
方案解读
临时空间置入，适应因季节变化消费群体变化的业态变化。
可达性强，加强南北居住区间的联系与东西旅游景区的联系.
空间错落，延长步行路线，提高沿街商业价值。
停车场置于车行路北侧，到达商业街便利且不影响街区景观。
以围合院落空间创造节点，回应传统空间特点。
方案生成
基地现状
核心区域
肌理重置
开放道路
融合共生
共享空间
方案解读
空间可达性分析
车行流线分析
步行网络系统
绿化引入
功能糅合
片区定位休闲活动与商业居住融合，旅游路线进入片区后变得曲折迂回，便于人群在小场景的停留休息。
片区南部五塔寺为古建景区对片区建筑风格提出了一定的要求，片区商业街为古建风格
片区北部与东部为传统商业区，规模大，但是缺乏特色依靠俩个商业区对人群吸引作用，打造特色商业步行街服务当地居民与游客。
片区保留了一部分原住居民，作了开放社区的处理，但是为了隐私的考虑旅游路线的选取还是避开了直接穿行小区，做了一个斜向的公共空间设计。
除了片区有部分居民外，相邻片区优大量原有居民，在片区中部将锅炉房改造为活动中心，对于外来游客有展览功能，对内也服务当地居民。

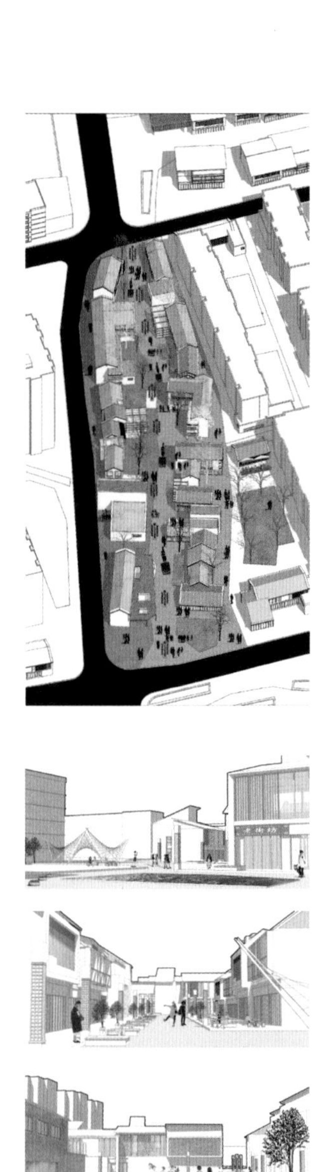

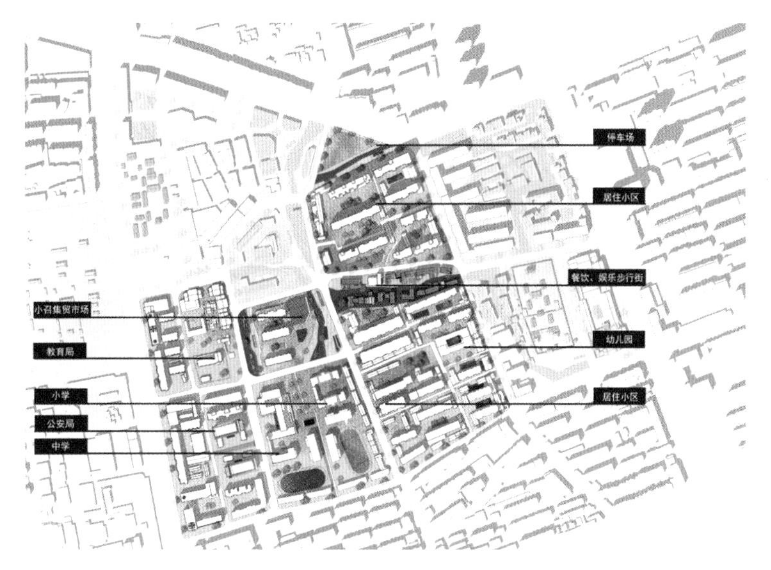
停车场
居住小区
餐饮、娱乐步行街
小召集贸市场
教育局
幼儿园
小学
居住小区
公安局
中学

方案推导——院落适应设计
居住空间
公共空间
临时空间
标志空间
居民区现状
社区活动
现状保留
前店后宅
公服规划
特色商业
元素置入
临时空间
开敞空间
核心围合

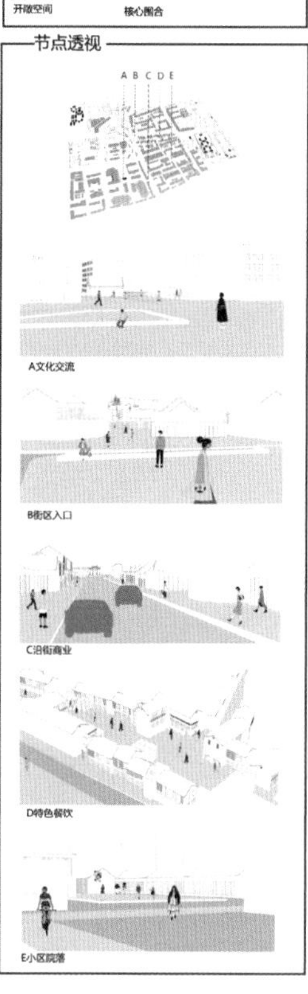
节点透视
A B C D E
A文化交流
B街区入口
C沿街商业
D特色餐饮
E小区院落

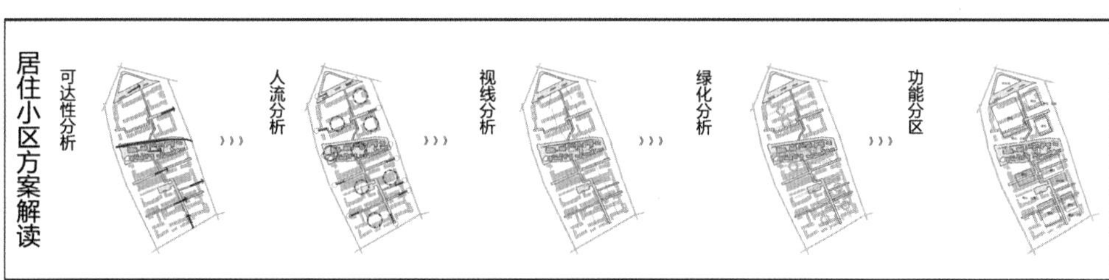
居住小区方案解读
可达性分析
人流分析
视线分析
绿化分析
功能分区

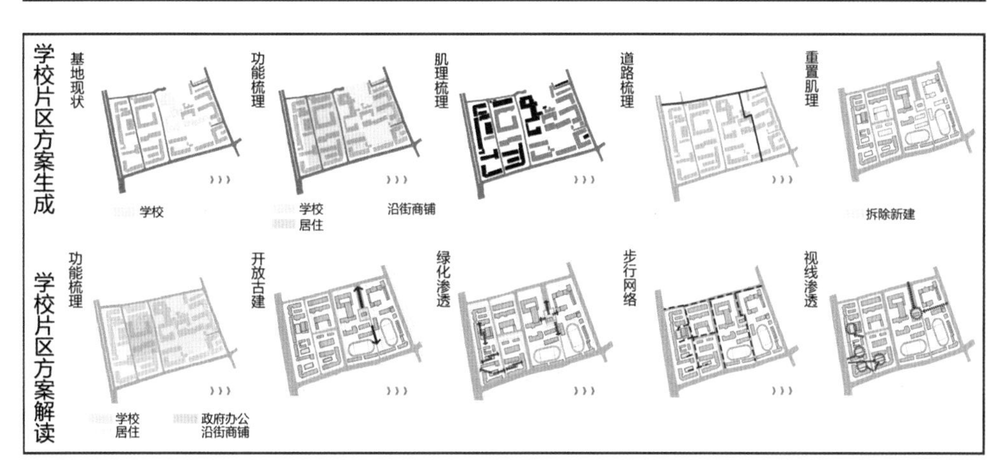
学校片区方案生成
基地现状
功能梳理
肌理梳理
道路梳理
重置肌理
学校
学校
居住
沿街商铺
拆除新建
学校片区方案解读
功能梳理
开放古建
绿化渗透
步行网络
视线渗透
学校
居住
政府办公
沿街商铺

设计心得与体会

01 设计 1——编织城市

范云龙

田玉坤

李翌阳

丁杨

刁聪

感悟

首先很感谢内蒙古工业大学、烟台大学、北方工业大学和山东建筑大学给予我们这次宝贵的学习机会，让我们可以相互学习、共同进步。

本次四校联合设计课题选址在美丽召城——呼和浩特，主题为"席力图召—五塔寺"区段保护与更新设计。虽然我们来自呼和浩特，在这里学习生活，但是通过这次学习才让我们对呼和浩特这座城市有了更深刻的了解认知，对这座城市的历史有了更清晰的梳理。

在中期和终期答辩环节，我们分别前往了济南市与烟台市，不同的地域让我们体会到了不同的文化，结交到新的朋友，在答辩环节中，更是感受到了老师们对于城市更新设计独到的见解，让我们受益匪浅。

学习的时间很短暂，但是这段经历势必会在我们整个学习生涯中留下美好的回忆，希望这样的学习交流活动能够长期举办，让更多同学获得学习交流的机会。

过程照片

设计心得与体会

02 设计 2——归绥

马永东

张新

毕秦彬

罗佳琦

刘稍

感悟

四校联合设计对于学习建筑学的我们来说是一个很好的机会。对于学习设计来说，了解不同设计者的想法和不同地域的特点是十分有必要的。

此次的设计题目是呼和浩特城市的席力图召片区的更新设计，虽然在呼市本地读书，但是通过与不同地域学校的同学们交流之后，我们对这片地区以及呼和浩特这个城市又有了新的认识。

这之后的中期答辩和最终答辩，我们去往了济南和烟台。在济南，我们感受到了泉城的魅力和山建大的底蕴；在烟台，我们则体验到了海洋沙滩的乐趣和烟台大学的美丽。

这次的设计给了我们相当难忘的体验，其中不仅在于与老师同学们对于建筑、城市设计的学习和探讨，更有和不同学校的同学们相处、交流、成为朋友，一起在不同城市感受不同魅力的快乐时光。

希望四校联合设计能够长期举办，为更多的同学们提供这样学习和交流的平台。

过程照片

3.3 烟台大学

指导老师：贾志林 高宏波

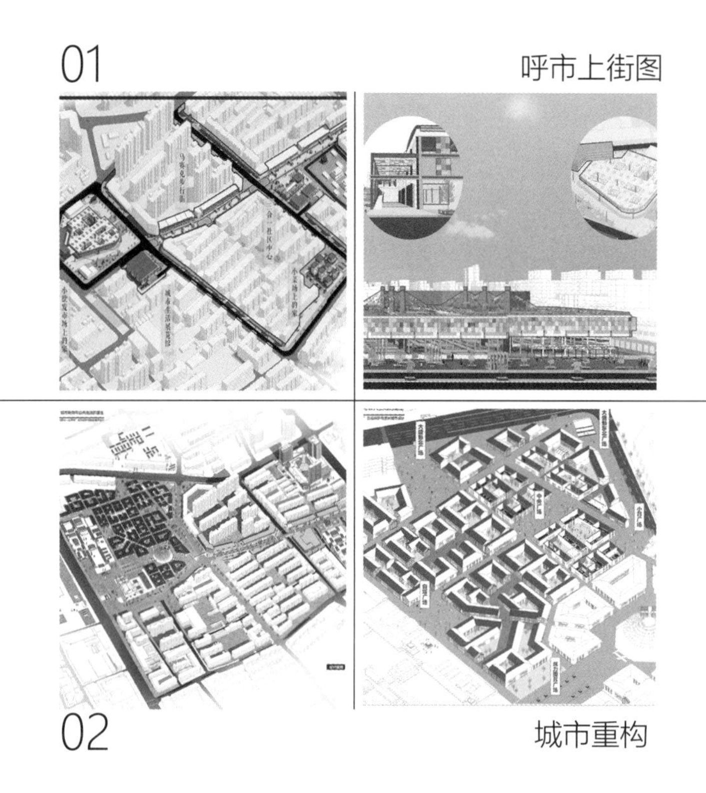

01 设计 1—— 呼市上街图

高艺博 王涵延 宫韵昭

02 设计 2—— 城市重构

游佳伟 董雪莹 高丹

01 设计 1——呼市上街图

城市的生命力源于生活在此的市民，其日常生活是城市自我更新的重要活力。通过城市空间设计挖掘呼市老城区的生命潜力，创造更好的日常市井生活，并引入一定的外来人员业态，构建串联城市内外活力潜质的空间体系，由点及面，以部分带动整体，进而从涉及地块自身延伸并影响整个城市。

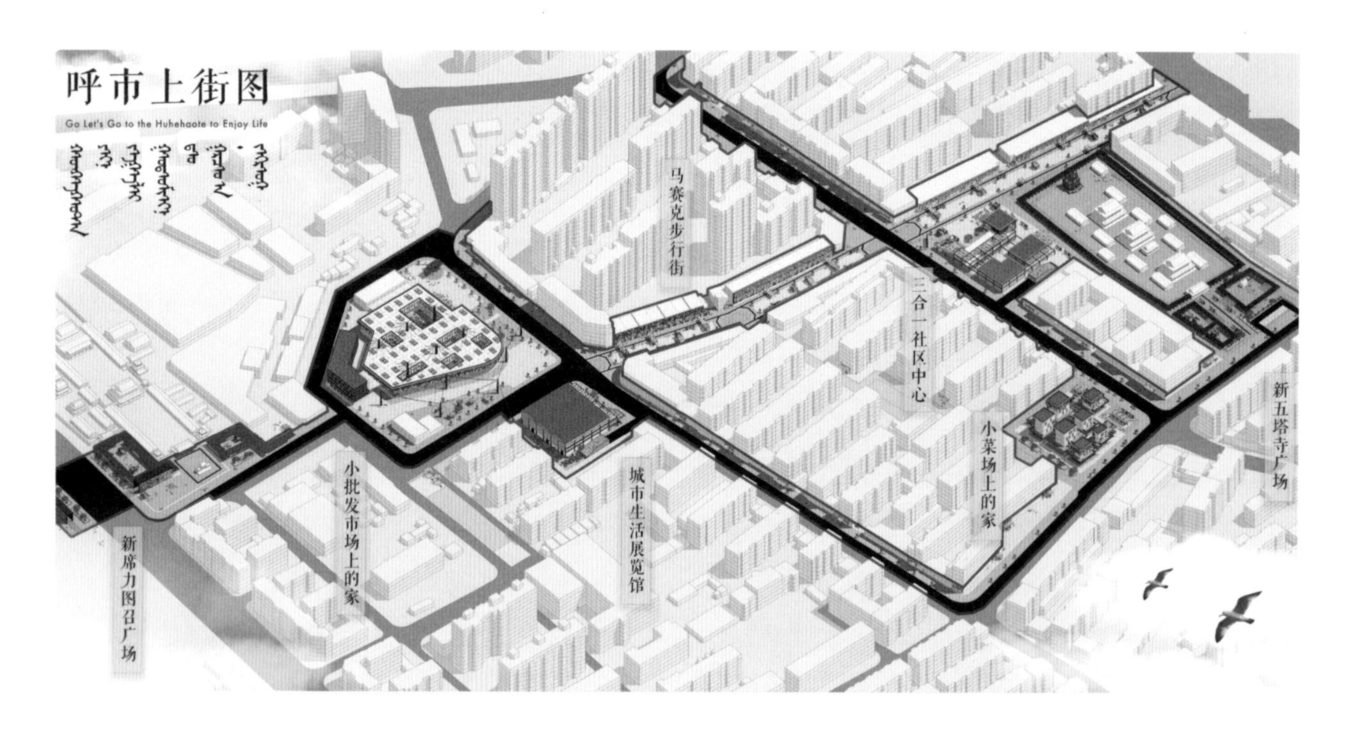

场地总体定位分析

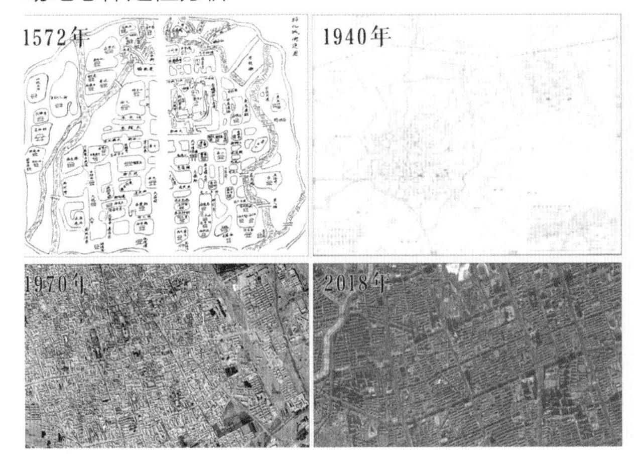

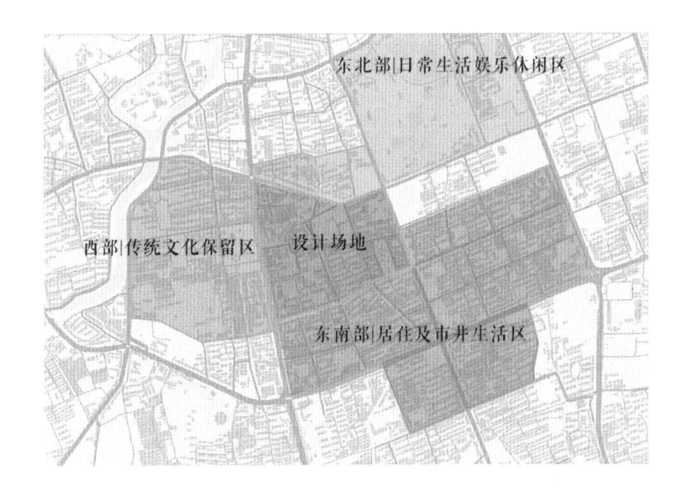

结论：
选地为呼市日常市井生活的重要组成，位于呼市旧城传统文化中心区段。

张择端的《清明上河图》

北宋年间的汴京极盛，城内四河流贯，陆路四达，为全国水陆交通中心，商业发达居全国之首，当时人口达100多万。汴京城中有许多热闹的街市，街市开设有各种店铺，甚至出现了夜市。逢年过节，京城更是热闹非凡。为了表现京城的繁荣昌盛，张择端选择了清明这个重要节日的景象进行表现。《清明上河图》着重描绘了北宋首都水陆运输和市面繁忙的景象。

在五米多长的画卷里，共绘了数量庞大的各色人物，牛、骡、驴等牲畜，车、轿、大小船只、房屋、桥梁、城楼等各有特色，体现了宋代建筑的特征。具有很高的历史价值和艺术价值。

这幅画描绘的是汴京清明时节的繁荣景象，是汴京繁荣的见证，也是北宋城市经济情况的写照。

同理，明代的仇英也将这种市井生活画在了人与人之间最丰富的行为中。

图中虹桥部分

群众生活场景的高潮部分
也是作为整个城市的重要节点部分
表达了生动的公共空间
也体现了公共行为的参与性

《清明上河图》所表达的城市之旺盛的生命力并不在其某个固定的景点，而是无数市民多样的日常生活活动带来的。

观点 城市的生命力存在于生活在这里的人——市民。
城市民众的日常生活是城市生命自我更新的重要活力。

手段 挖掘城市的生命潜力，创造更好的日常市井生活，并引入更多的外来活力。
从日常生活的角度，将城市的内在活力形成体系，并从场地延伸到整个城市。

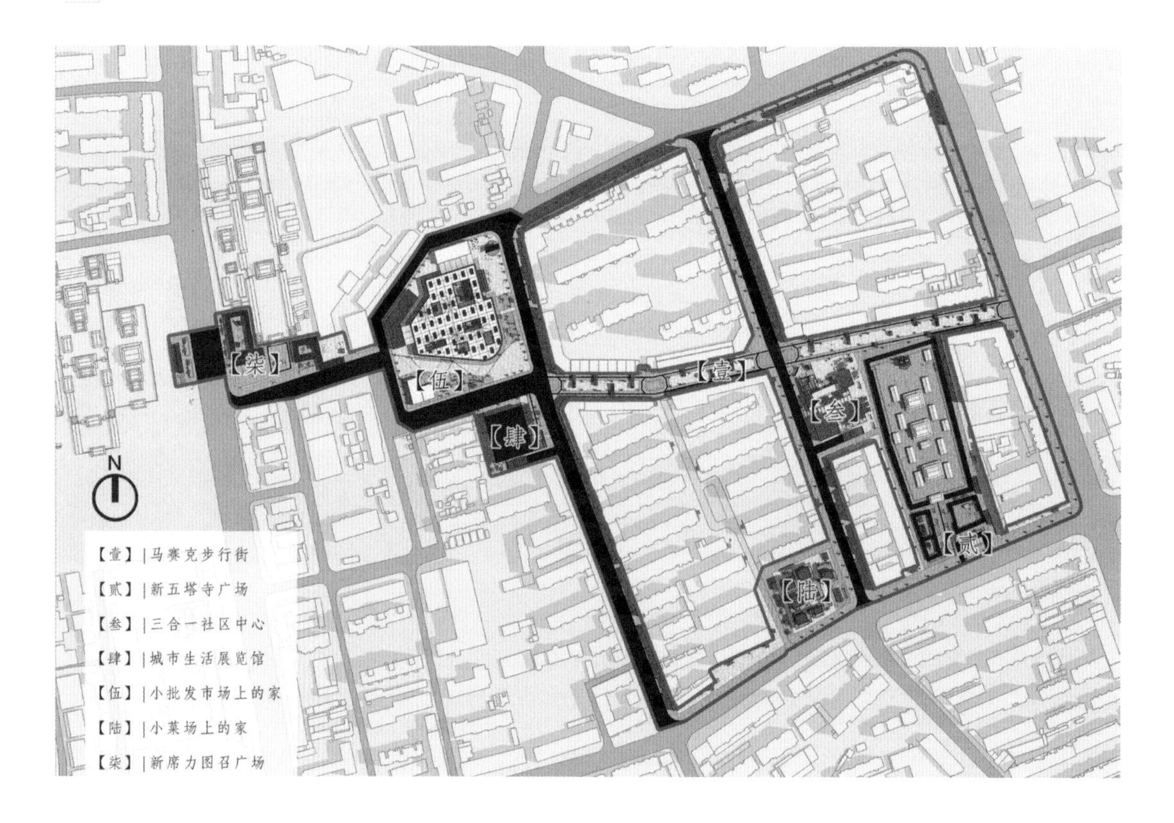

日常生活特征分析

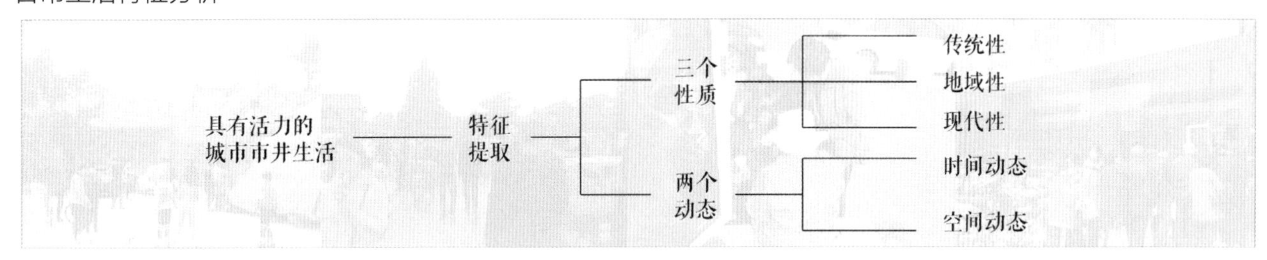

三个性质：

传统性

地域性

现代性

两个动态：

时间动态

空间动态

日常生活的行为位置不是一成不变的，是在城市中流动的。

城市中的行为就像分子做着无规律的热运动一样，散落分布在城市的每一个角落。行为包括携带品，携带品也可以成为媒介调动起更多生活行为。这样的动态位置分布的感染仍然是快速的。

共享单车就是一个很好的例子：人们有骑车的需求，骑车的需求驱使共享单车这个实物在城市的空间中发生更多位置上的位移。在这样无数次的散布后，形成的不只是【共享单车】这个物的空间散布，而是【骑车】这种生活行为的散布——即更多的人拥有了骑车的习惯。

城市空间上的动态，还拥有一种共时性——不同人做着不同的事情，而这些事情都同时发生在一个时刻。共时性的提出者荣格认为："这种事件往往在观察者对其观察对象有一种强烈的参与情感时发生。"就是说，共时性事件的发生意味着：客观的诸事件彼此之间，以及它们与观察者主观的心理状态间，有一种特殊的互相依存的关系。

1. 分子无规律热运动
2. 上海共享单车分布图
3. 上海浦江沿岸骑行分布图
4. 呼和浩特夜景

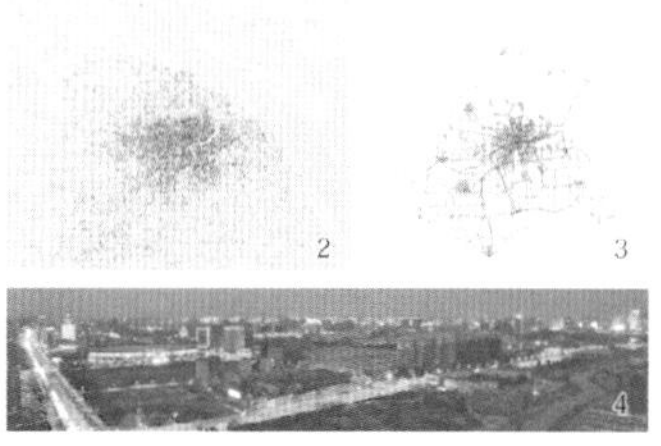

场地建筑功能分布

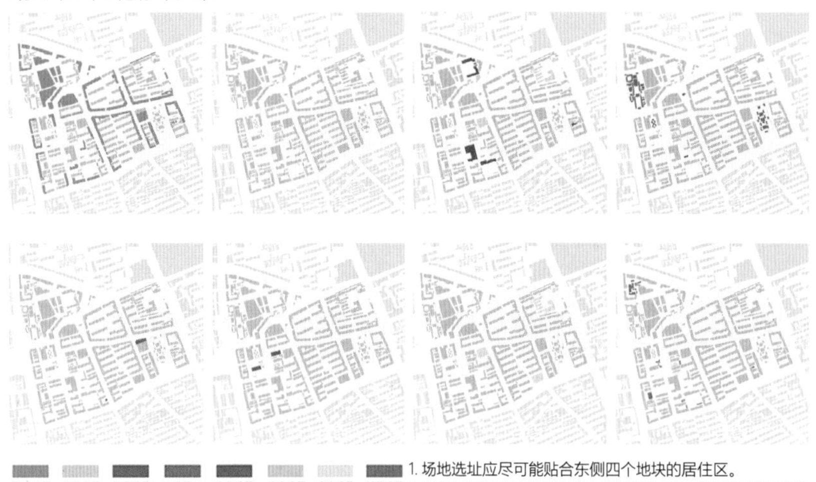

1. 场地选址应尽可能贴合东侧四个地块的居住区。
2. 东侧居民区中五塔寺作为区块内部最重要的标志性建筑物。
3. 场地中应尽可能利用已废弃建筑物，控制居住区变动程度。
4. 场地应该与大召产生更多的联系。

设计策略综述

1. 选取居民区以关联街道和地块。
2. 针对选地内部本身的问题进行重点整治与设计更新。
3. 对其进行日常生活品质的设计，使其形成更有城市特色与城市记忆的城市氛围。
   这种氛围将作为城市自我更新生命力，以引入更多的外来资源。

为了与更多的社区居住区相接触，我们选取了东部地区所有主要的街道以及这些街道主要的沿街建筑立面作为设计着力点。街道是城市生活的主要发生地，生活活力的营造也主要在这些地方下功夫。

其次，我们选择了五塔寺地块作为设计社区生活的另一个重要片区，五塔寺是东部唯一的，也是最重要的建筑古迹。将其作为中心点可吸引更多的周边居民活力，是必不可少的。

选区分析

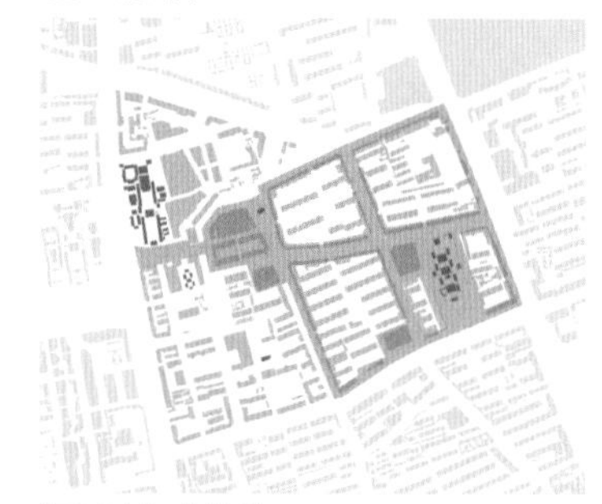

经济技术指标：

总用地面积：10.14hm^2
停车位：300 辆
平均层数：3 层
最高点控制高度：16m
退距：3m
容积率：0.3
建筑密度：18%
绿化率：31.6%

居住类建筑面积：10154m^2
文化类建筑面积：10239m^2
商业类建筑面积：9684m^2
建筑总面积：30077m^2
建筑占地总面积：23094m^2
街道面积：37526m^2
广场面积：38473m^2

将场地沿小召轴线分为东西两部分。东部为生活区，西部为传统文化区。

红区为生活街道区，自身产生活力向外辐射。
绿区以五塔寺为中心，吸引周围活力。

红绿两区共同作用，发散与吸引，共同将整个东部的生活日常打造得更加丰富多彩。

黄区为东部向大召的开口，在后期吸引大召活力，以将整个片区带动起来。

城市设计的第一步起始于社区街道空间改造，这里是市民日常生活的主阵地。置入的手段在不同层次上密切地回应着日常生活的行为需求。

2020

马赛克步行街

街道眼

“街道眼”的概念来自于简·雅各布斯所著的《美国大城市的死与生》一书。

书中着重提出了：传统街坊有一种自我防卫的机制，来自于街坊邻里的相互监视。

街上的“眼”，不是专职的监视人，而是街道的自发主人，他们和众多的行人一起保障了街道的安全，抑制了犯罪活动。而一个安全的具有公共生活活力和趣味的街道，也是儿童成长的重要环境。

街道眼是安全之眼、公共生活之眼、城市乐趣之眼。

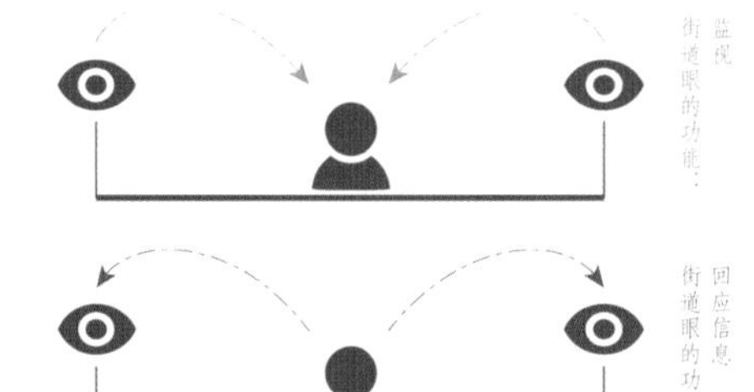

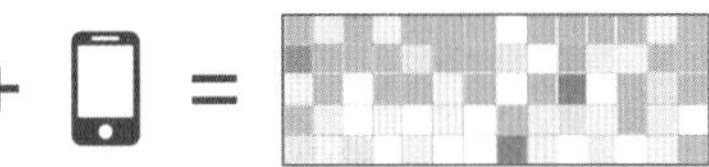

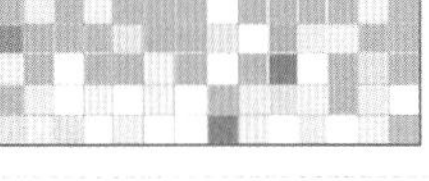

城市幕墙

方案从“街道眼”的概念出发，建立可以发生互动的街道空间。街道眼的意义，就像市民们热爱步行街的理由：那里的街道热闹繁华，生活气息浓郁，可看性强。更重要的是，那里总是熙熙攘攘，人山人海，充满交流感。

方案将呼和浩特特有的藏传佛教建筑色彩和内蒙古传统图案与现代技术——移动端社交网络相结合，形成丰富可变的半透明LED幕墙系统。

幕墙除了可以达到丰富街道界面的效果外，还可以与城市的民众发生互动。在呼市老城区，许许多多的老呼市人都十分怀念从前的旧城时光，表达怀念的方式有很多种——老照片、画作、文章以及戏曲等等。幕墙系统为这些方式提供了可以向大众展示的机会，将每一个个体的表达向更多的个体之间传播，从而将整个街道空间变成一个大型的“城市记忆生活展览馆”。

同时幕墙系统，还可以根据不同时期产生不同的变化，以回应时间跨度上的不同动态需求。

半透明 LED 幕墙

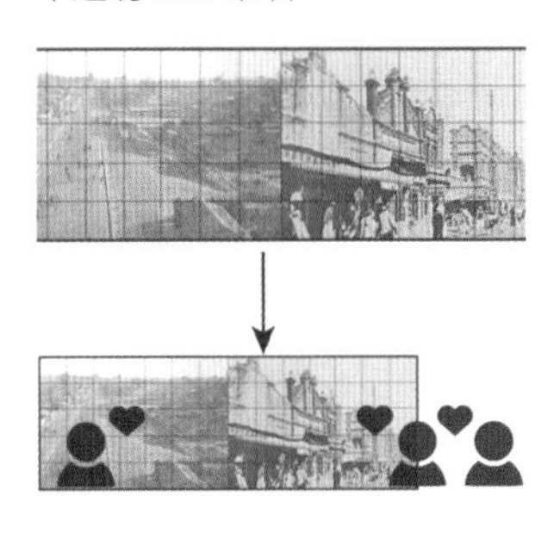

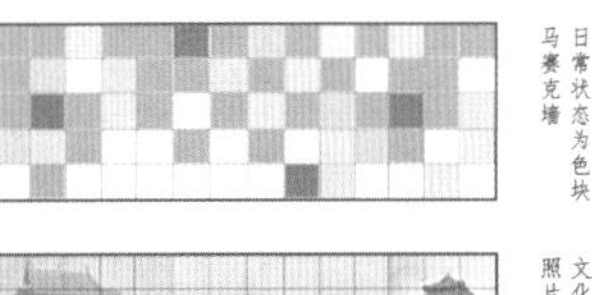

日常状态为色块马赛克墙

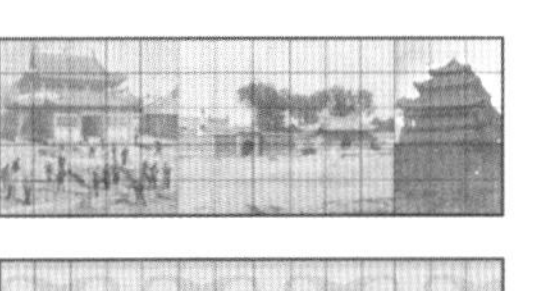

文化月状态为老照片展览墙

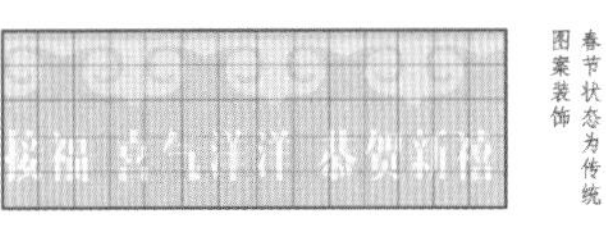

春节状态为传统图案装饰

模数化凉棚

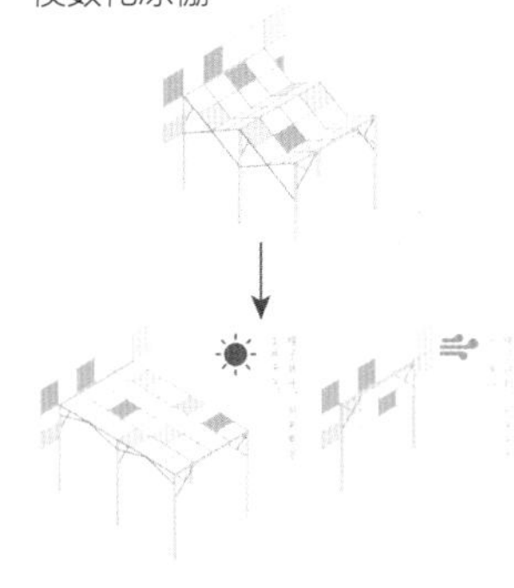

模数化城市家具

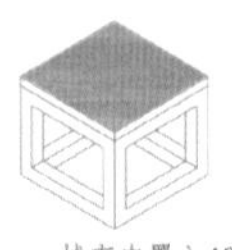

城市中置入400×400的模数化家具。家具有两种作用：一是组合，二是传播。

组合：可以将其组合成各种尺度的城市家具，并以对应一天中城市人群不同的行为活动方式。

传播：遵循城市的空间动态，将单体传播到城市各种遥远的地方，是城市设计日常生活活力传播的介质。

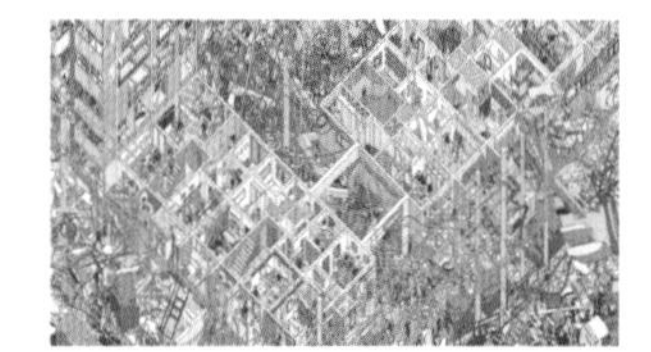

《脏街42号楼的轮回》/ 绘造社

聊天小桌　吃饭组桌　个人空间　小组空间

讨论空间　城市沙发

社区舞台　城市大屏幕

五塔寺门廊系统推演

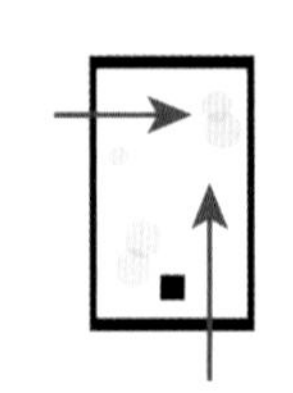

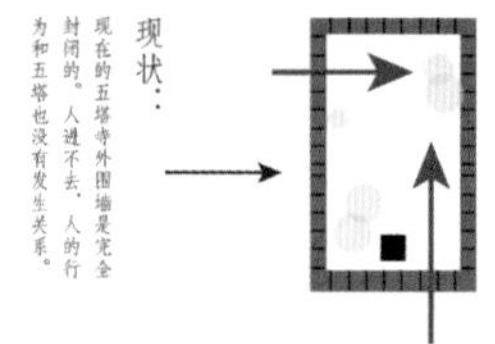

现状：

现在的五塔寺外围墙是完全封闭的。人进不去，人的行为和五塔也没有发生关系。

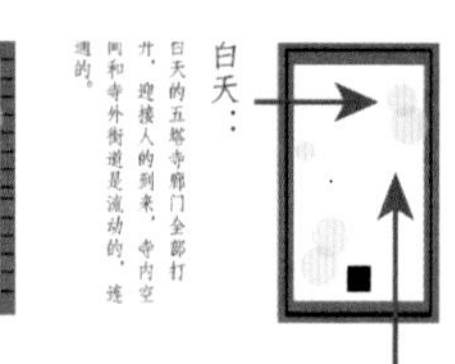

白天：

白天的五塔寺廊门全部打开，迎接人的到来，寺内空间和寺外街道是流动的，连通的。

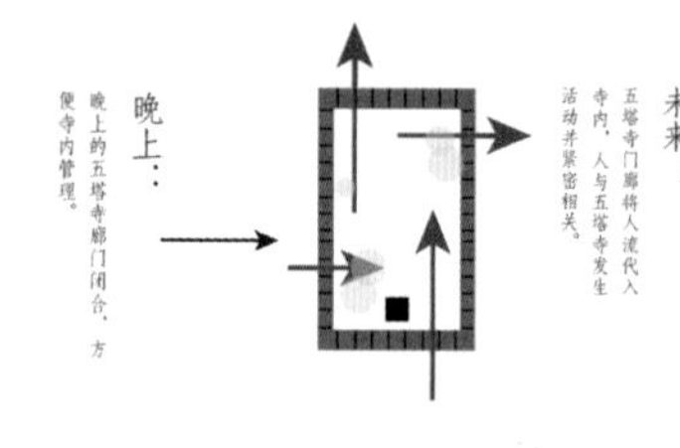

晚上：

晚上的五塔寺廊门闭合，方便寺内管理。

未来：

五塔寺门廊将人流代入寺内，人与五塔寺发生活动并紧密相关。

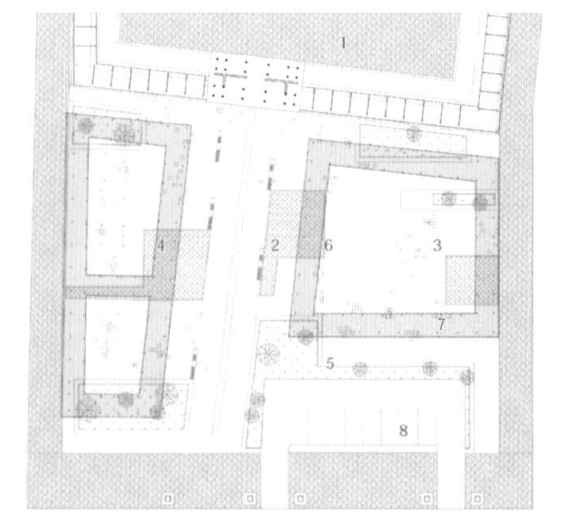

新五塔寺广场平面

1. 五塔寺内部
2. 五塔寺前广场直道
3. 前广场公共聚会区域
4. 前广场私密区域
5. 前广场植被
6. 前广场水池
7. 前广场游廊系统
8. 停车场

作为居民区中的标志建筑，五塔寺的围墙变成一个完全打开的围廊。五塔寺不再是围城内的孤宝，人们的活动将和它息息相关。

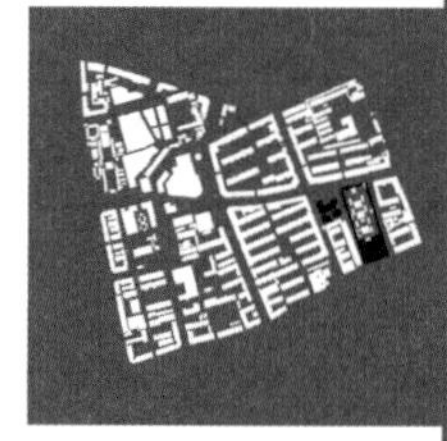

社区中心在五塔寺旁建立起来。它包含一个图书馆、一个美术馆和一个全角度大舞台。居民们的生活更加丰富。

2035

三合一社区分析

随着部分社区热闹起来，东西将打通，将大召的活力引入。城市展览馆建立在小召头道巷的路口，它是城市生活对外展览的门面。

拆除兴盛苑，保留批发市场。对小召牌坊附近的路网进行整理，得到小召的前广场及一条牌坊中轴线上的道路。

2080

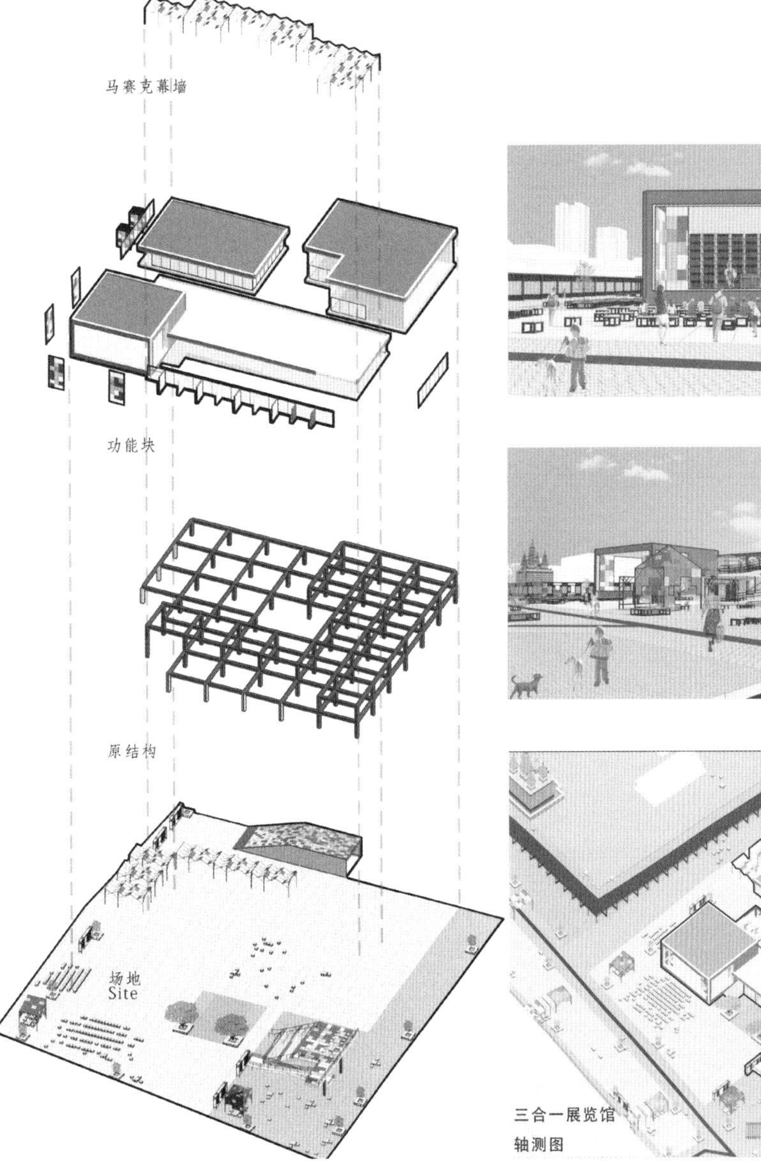

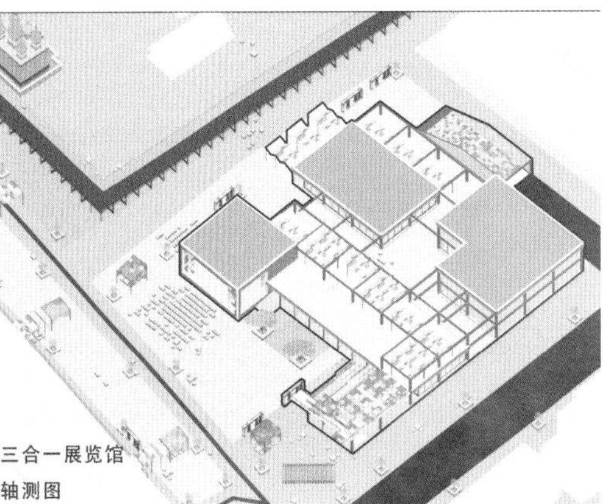

三合一展览馆
轴测图

小批发市场上的家分析

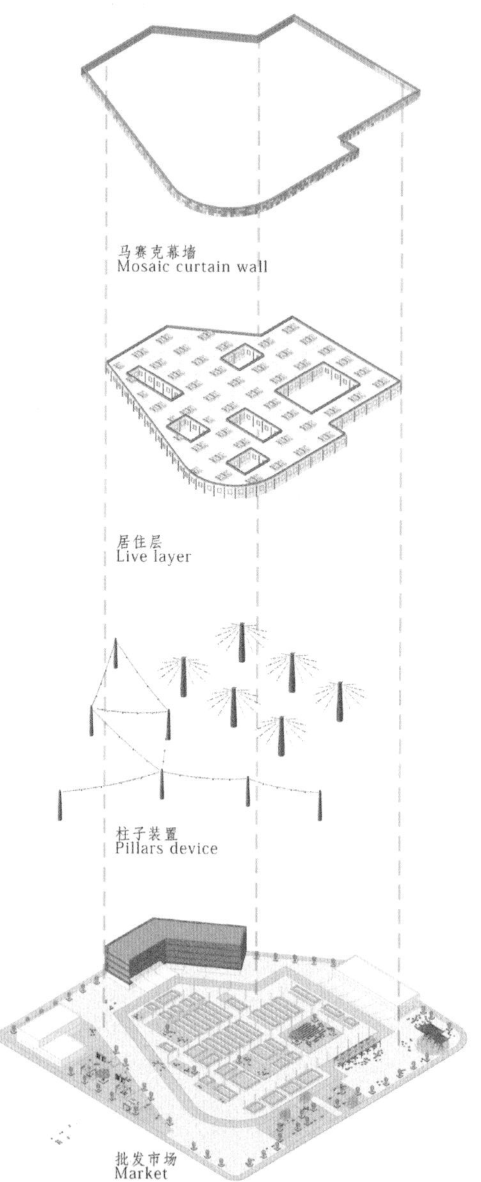

小菜场的家建于五十家街——一条两侧均为居住区的生活道路。这里也有部分安置住房，可使被安置居民有更多地理位置的选择。

席力图召前广场被设计为可观赏的静态广场，与大召加以区别，作为城市展览的序言厅。

2100

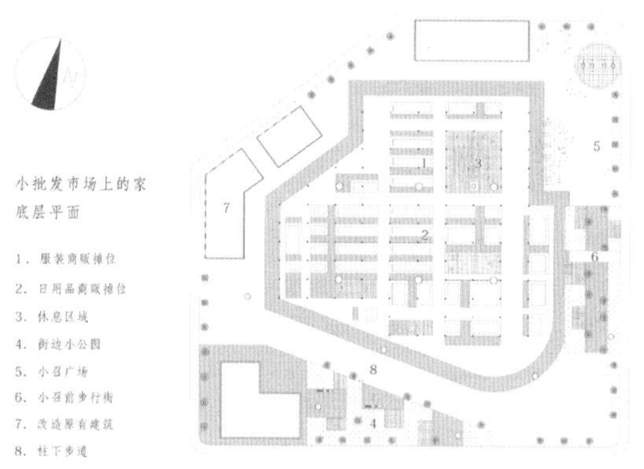

小批发市场上的家底层平面

1. 服装商贩摊位
2. 日用品商贩摊位
3. 休息区域
4. 街边小公园
5. 小召广场
6. 小召前步行街
7. 改造原有建筑
8. 柱下步道

小菜场上的家轴测分析

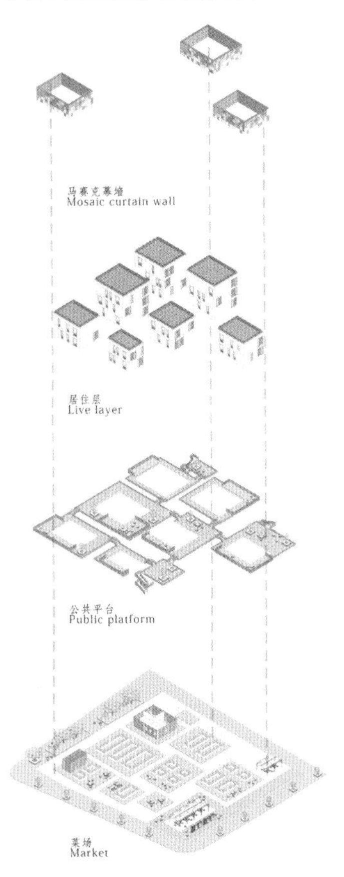
马赛克幕墙
Mosaic curtain wall
居住层
Live layer
公共平台
Public platform
菜场
Market

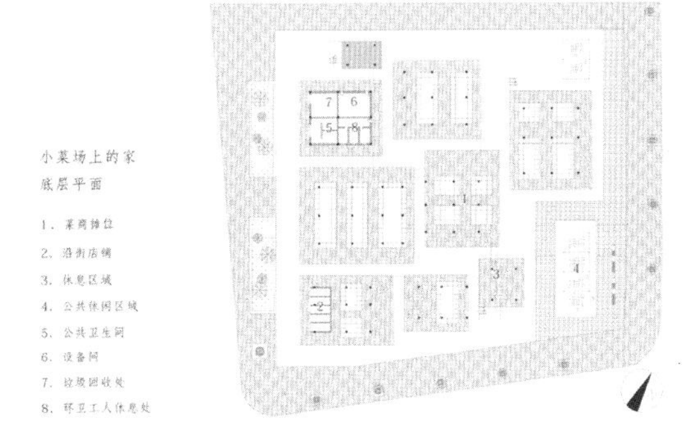
小菜场上的家
底层平面
1. 菜商摊位
2. 沿街店铺
3. 休息区域
4. 公共休闲区域
5. 公共卫生间
6. 设备间
7. 垃圾回收处
8. 环卫工人休息处

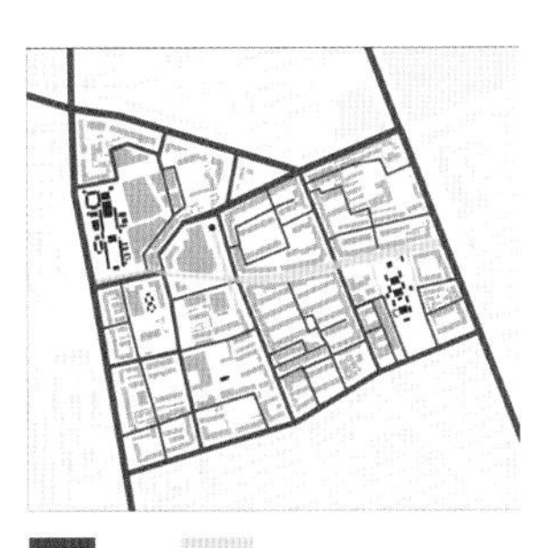
车行道路
人行步道

小区车库
新建车库

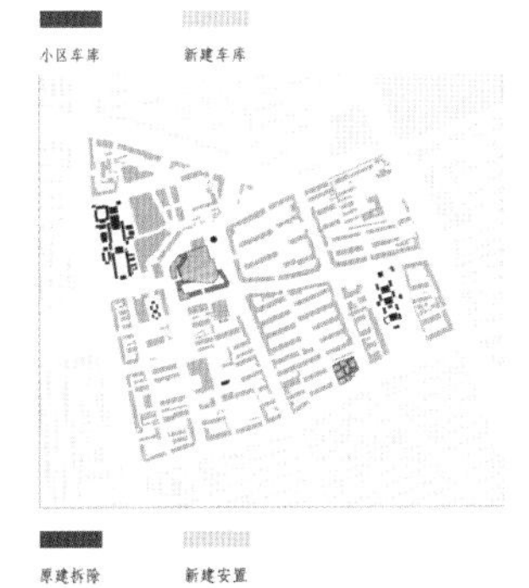
原建拆除
新建安置

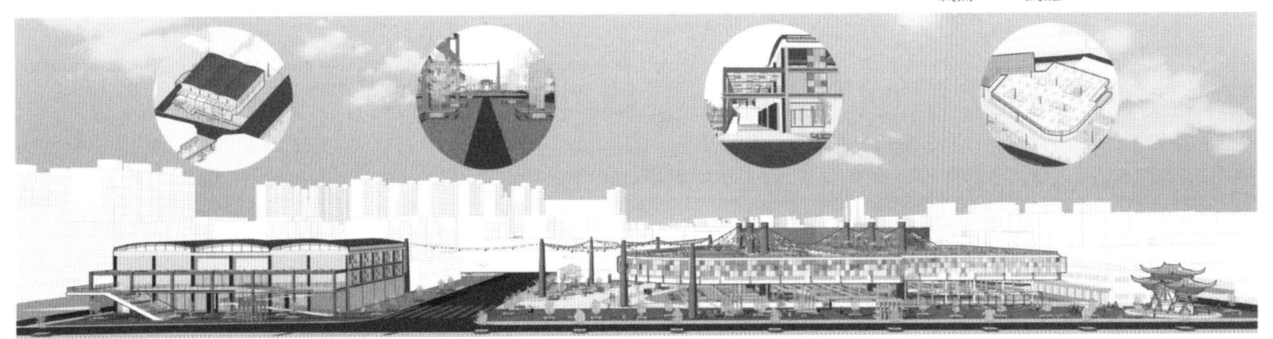

02　设计 2——城市重构

传统老城公共空间的格局导致现代公共空间缺失，市民缺少日常的公共活动空间；古建筑在老城中的记忆逐渐消失，需要更新与激活古建筑的历史记忆，赋予它在新时代下新的角色和地位。我们基于以上问题，由此对基地进行有目的性的改造，以使城市脉络与公共生活得以重生。

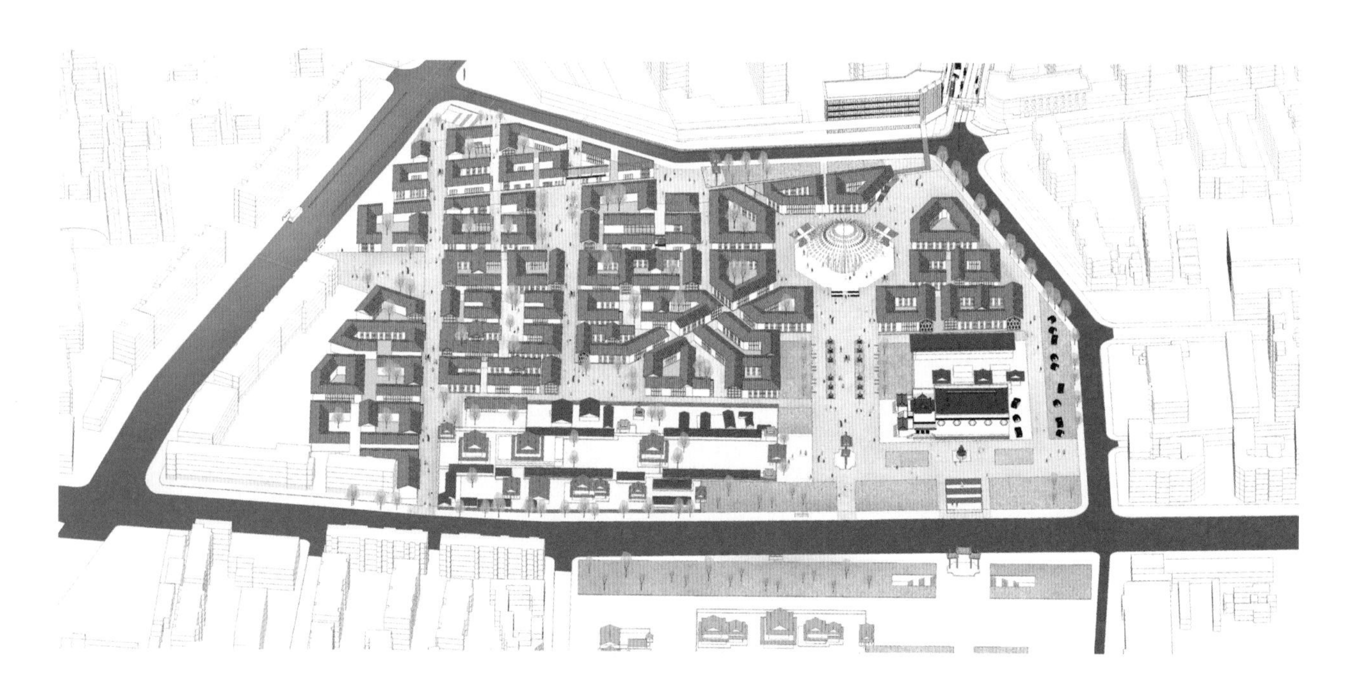

研究框架

类型理解	特征挖掘	设计目的	提出策略	分区设计
是什么？	什么样？	为什么？	怎么做？	如何做？
城市设计 是为了让市民获得 更好的公共生活体验 1. 顺应城市自身发展 2. 突出区域独有特色 3. 丰富现代人民生活	城市 区块 街区 1.城市发展带来的特征变化 2.传统与现代氛围交织共存 3.城市空间未来的生活趋势	实现城市更新，提升城市特色，获得丰富生活 1.顺应呼市未来城市发展，联系传统与现代，构架新的城市结构 2.修补增加城市节点，为呼市的公共生活提供更多可能性	1.植入“时空导线”，把呼市重要的历史古迹在时间和空间上整合为一体，实现传统与现代的对话 2. “时空导线”本身也是城市公共空间，激发更多类型的城市公共生活的发生	1.历史文化区，将召庙这些文化建筑再次挖掘，焕发新的生机。建立新的大盛魁肌理，与环境相融合 2. 居民生活区，依据城市发展，将安定的居民区进行整改，以街道为主，植入节点与广场

特征挖掘

城市形态

自然发展——有机规划，形成双城

明：归化城（呼和浩特旧城）

清：绥远城（呼和浩特新城）将军衙署所在，重要军事基地

清朝末年，归化和绥远合并 1941年归绥市地图

有机规划——现代分区，双城融合

1949年归绥市地图

1979年呼和浩特城市规划

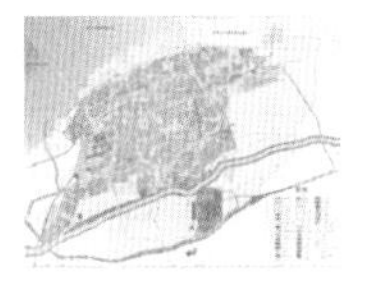

2011年呼和浩特城市规划

文化特征

归化城

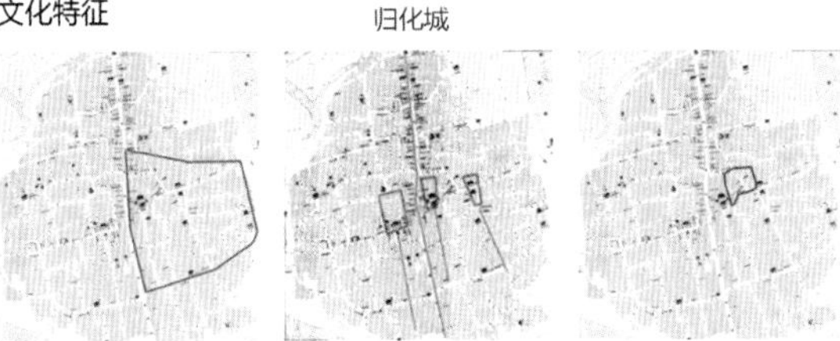

古街道

贯通南北城门的大南街与大北街为主街，以大召、席力图召、小召为中心，形成了独特的召庙文化，并依轴线形成各自的前街。

召庙文化

与人民生活相互渗透，内蒙地区藏传佛教信徒众多，召庙文化逐渐成为该地区特有的社会文化。

晋商文化

大盛魁商号，晋商主要聚集地，进行对外贸易，行商活跃。

席力图召——五塔寺片区

2004 2007 2012 2017

原有特色被发展淹没，现代公共生活需求多样化，现代城市生活与历史传统文化的矛盾。
召庙随着社会的变革，其所承担的宗教性与人民生活渐渐隔离，并显出明显的层级关系。

轴线变化

南北大街、召庙轴线——南北大街、轴线模糊

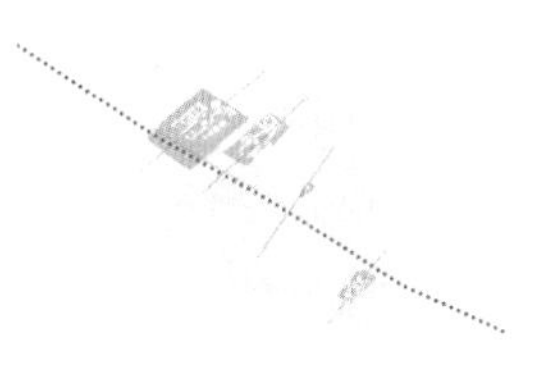

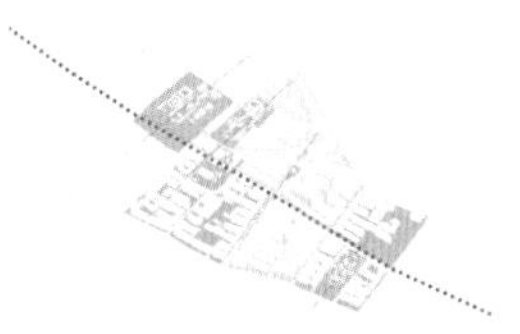

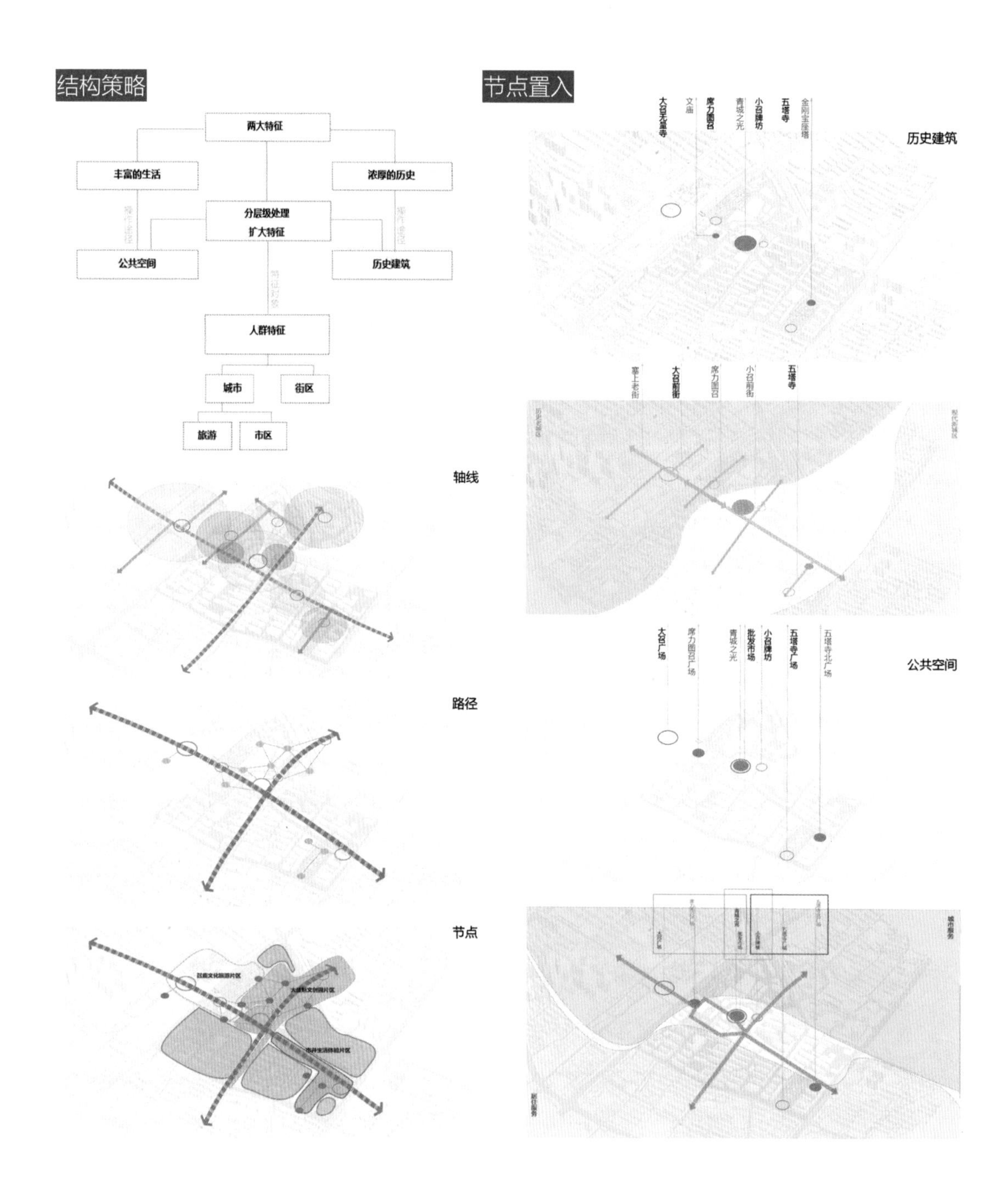
结构策略
两大特征
丰富的生活
浓厚的历史
分层级处理
扩大特征
公共空间
历史建筑
人群特征
城市
街区
旅游
市区
轴线
路径
节点
节点置入
大召无量寺
文庙
席力图召
青城之光
小召牌坊
五塔寺
金刚宝座塔
历史建筑
塞上老街
大召前街
席力图召
小召前街
五塔寺
大召广场
席力图召广场
青城之光
批发市场
小召牌坊
五塔寺广场
五塔寺北广场
公共空间

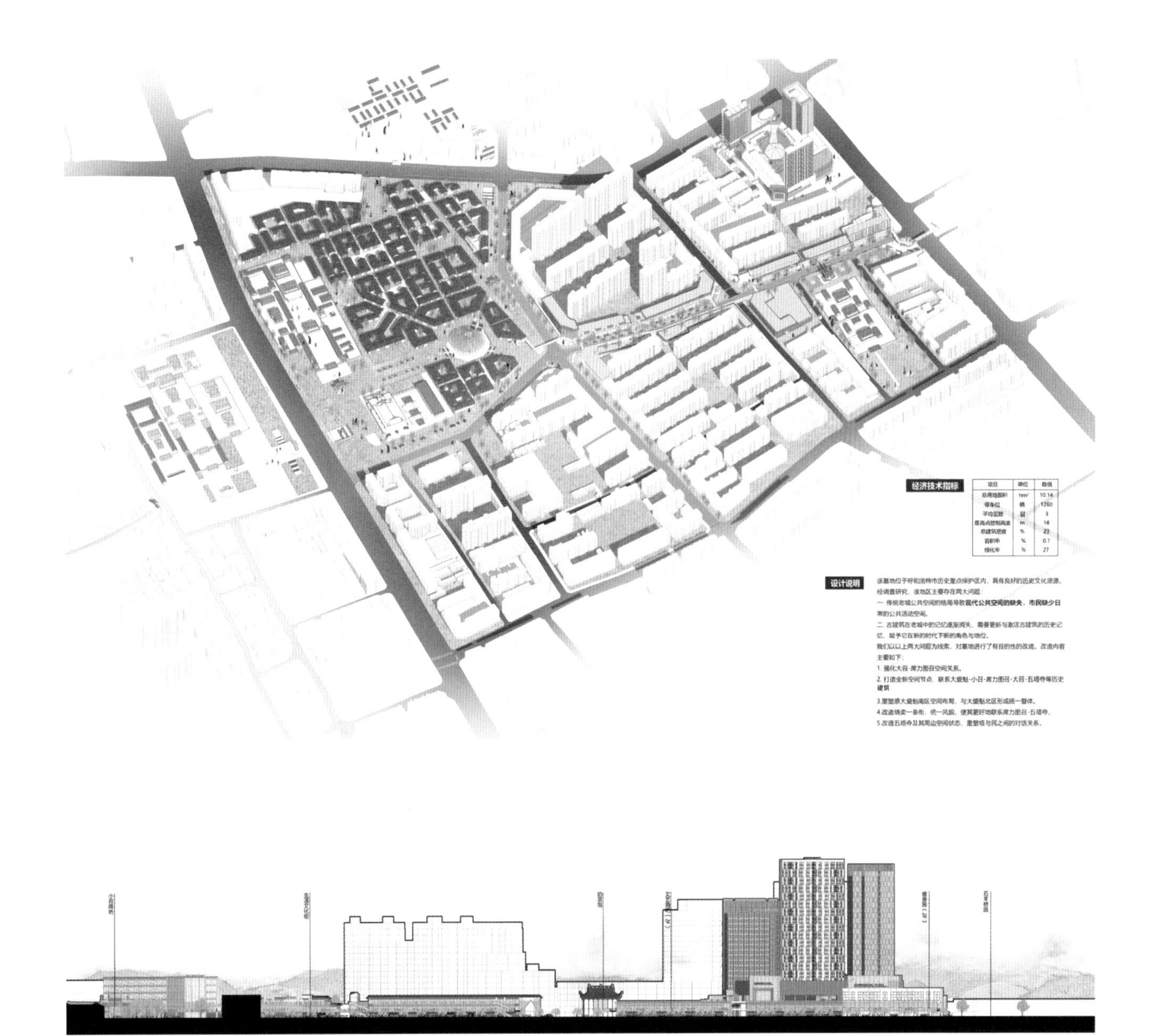

项目	单位	数值
总用地面积	hm^2	10.14
停车位	辆	1260
平均层数	层	3
最高点控制高度	m	18
总建筑密度	%	23
容积率	%	0.7
绿化率	%	27

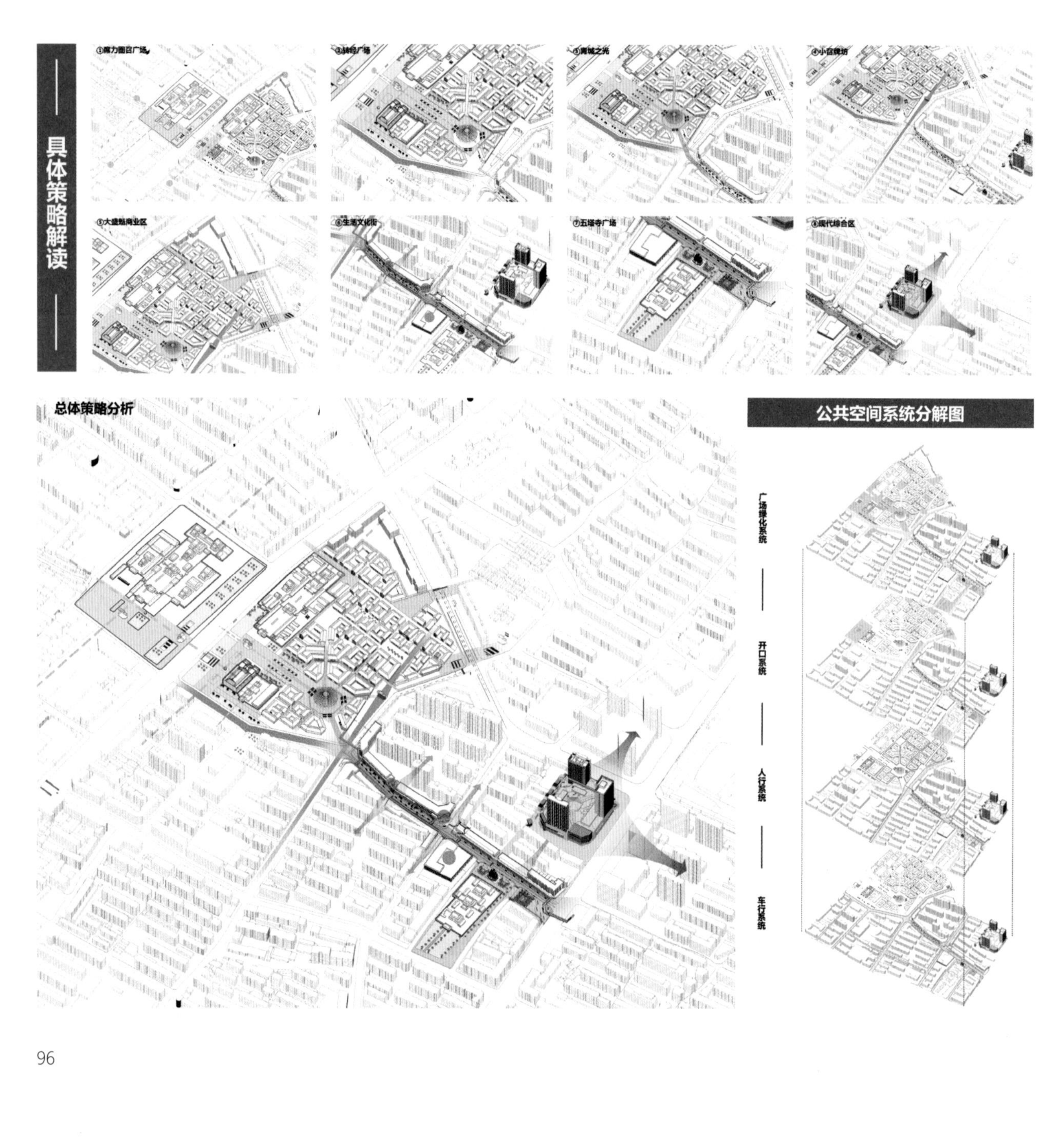
具体策略解读
①席力图召广场
②转经广场
③青城之光
④小召牌坊
⑤大盛魁商业区
⑥生活文化街
⑦五塔寺广场
⑧现代综合区
总体策略分析
公共空间系统分解图
广场绿化系统
开口系统
人行系统
车行系统

01.召庙风情区
1.大召
2.阿拉坦汗像
3.地下通道
4.雕塑
5.席力图召
02.青城之光
6.转经广场
7.伽庙
8.蒙古之忆
9.小召牌坊
10..公共绿地
03.风情商业区
11.商业街
12.白塔广场
04.生活文化街
13.传统+参与式餐饮街
14.（奶）茶馆
15.社区中心
16.文艺酒吧（2F）
17.健身房（2F）
05.五塔广场
18.树阵广场
19.综合活动
06.迁居综合体
20.住宅楼
21.办公楼
22.公寓楼
23.文教综合体
24.青城公园
25.商业综合体
N

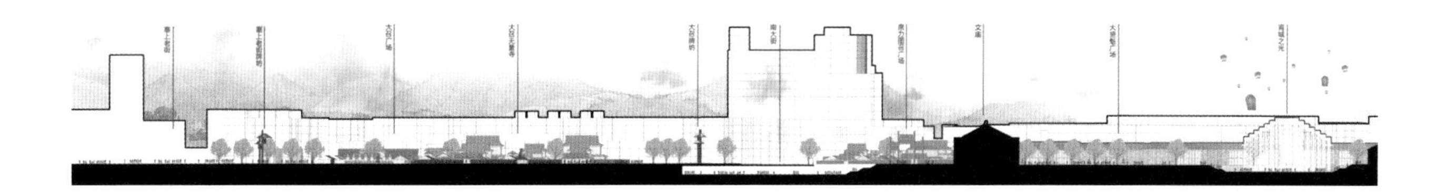

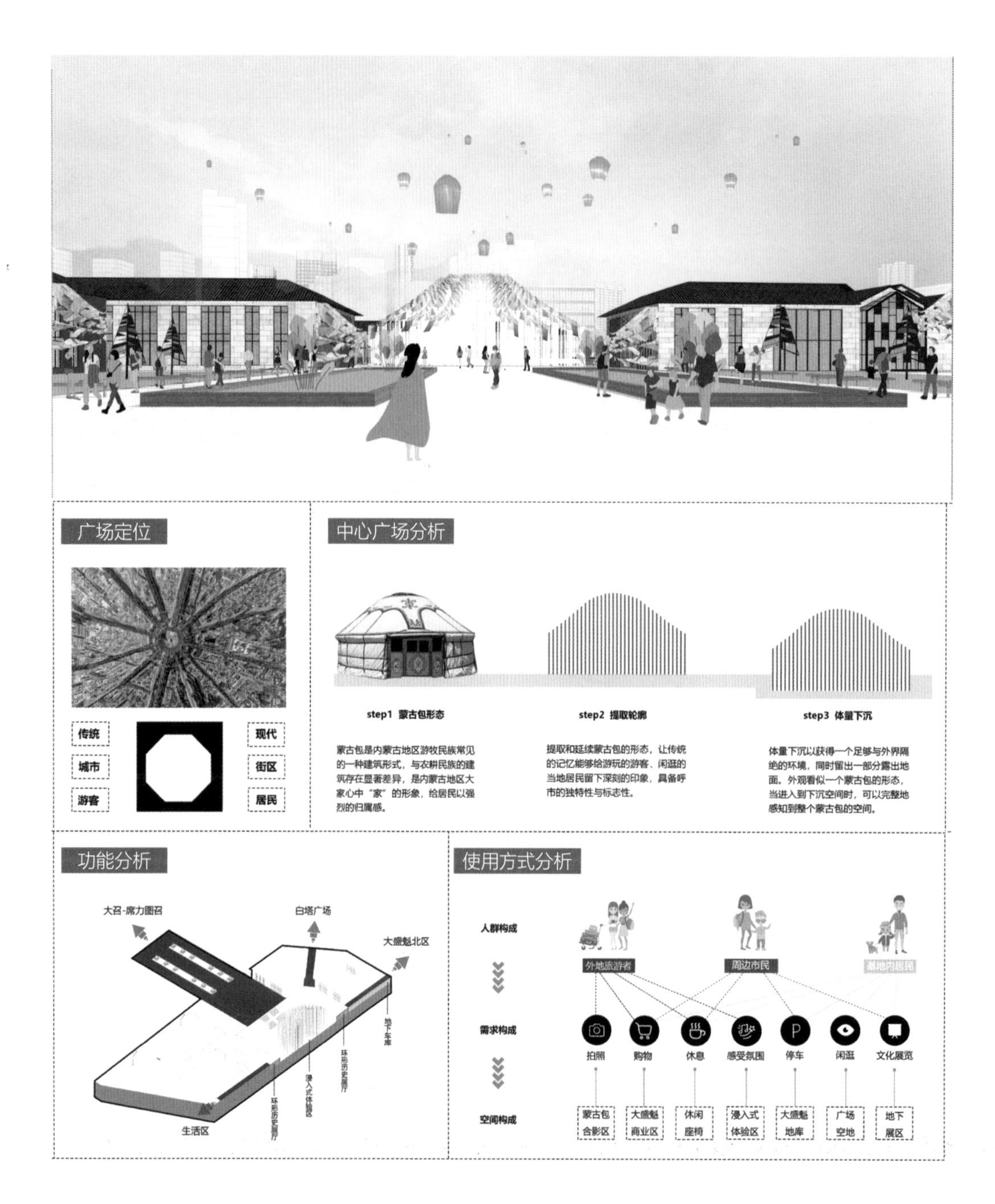

广场定位
传统
城市
游客
现代
街区
居民
中心广场分析
step1 蒙古包形态
蒙古包是内蒙古地区游牧民族常见的一种建筑形式，与农耕民族的建筑存在显著差异，是内蒙古地区大家心中“家”的形象，给居民以强烈的归属感。
step2 提取轮廓
提取和延续蒙古包的形态，让传统的记忆能够给游玩的游客、闲逛的当地居民留下深刻的印象，具备呼市的独特性与标志性。
step3 体量下沉
体量下沉以获得一个足够与外界隔绝的环境，同时留出一部分露出地面。外观看似一个蒙古包的形态，当进入到下沉空间时，可以完整地感知到整个蒙古包的空间。
功能分析
大召-席力图召
白塔广场
大盛魁北区
地下车库
环形历史展厅
浸入式体验区
环形历史展厅
生活区
使用方式分析
人群构成
外地旅游者
周边市民
基地内居民
需求构成
拍照
购物
休息
感受氛围
停车
闲逛
文化展览
空间构成
蒙古包合影区
大盛魁商业区
休闲座椅
浸入式体验区
大盛魁地库
广场空地
地下展区

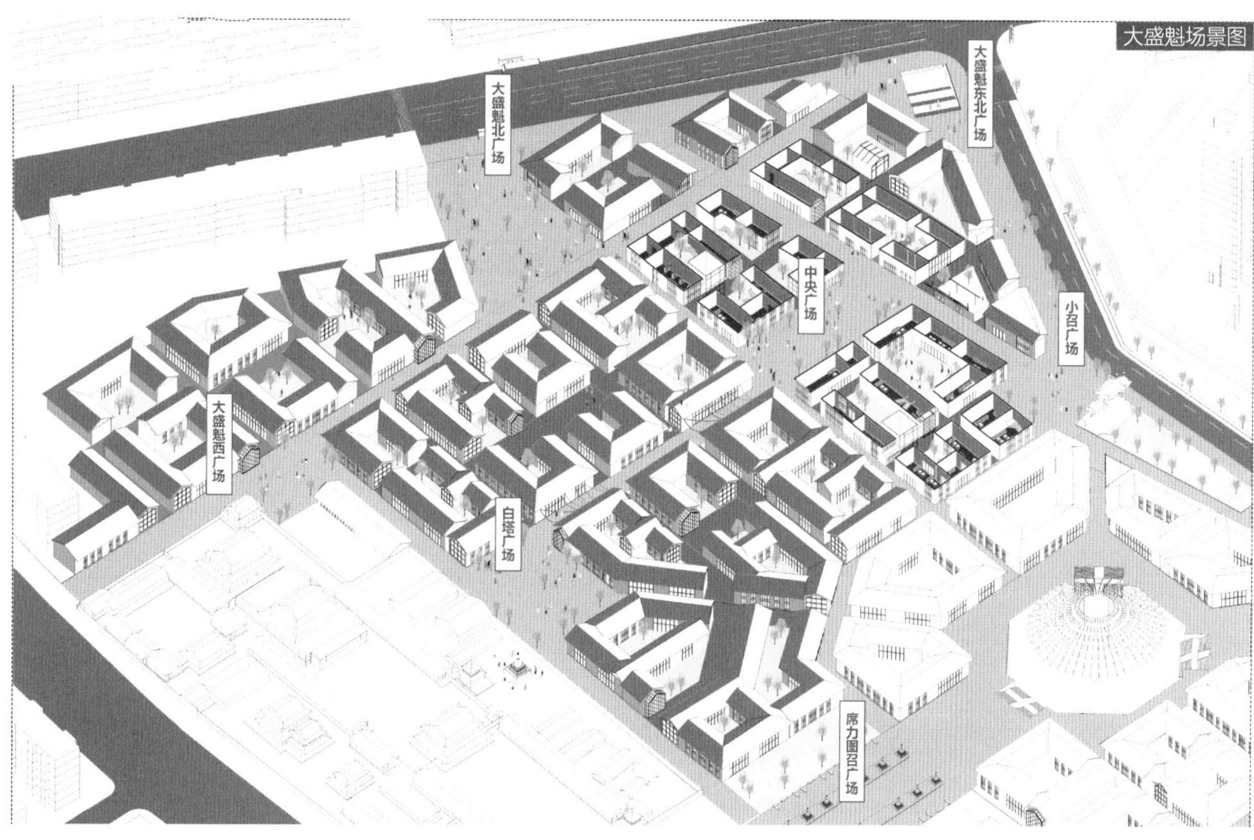

原型分析

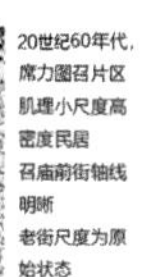

20世纪60年代，席力图召片区肌理小尺度高密度民居召庙前街轴线明晰老街尺度为原始状态

大盛魁片区现状肌理大尺度商业街区与居民楼召庙前街轴线模糊圪料老街保留整改

类型提取

聚落布局

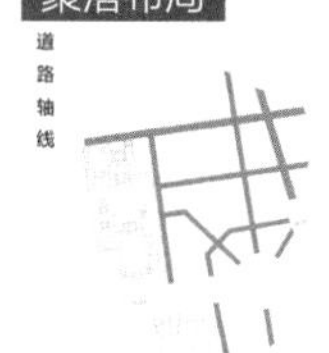

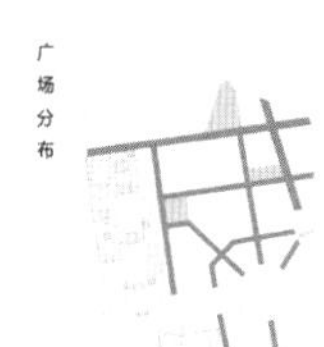

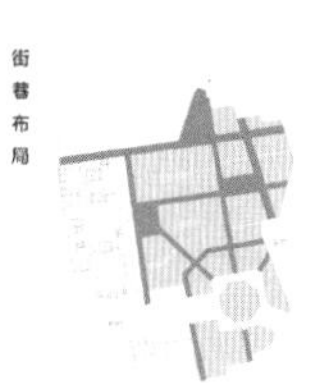

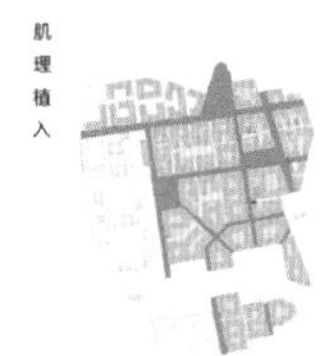

肌理对比

通过对街道的重新梳理与节点广场的植入，确定大盛魁的平面结构。依据原始肌理，用不同等级的街巷再次划分，将生成的建筑类型肌理植入平面布局，生成最终的大盛魁片区。

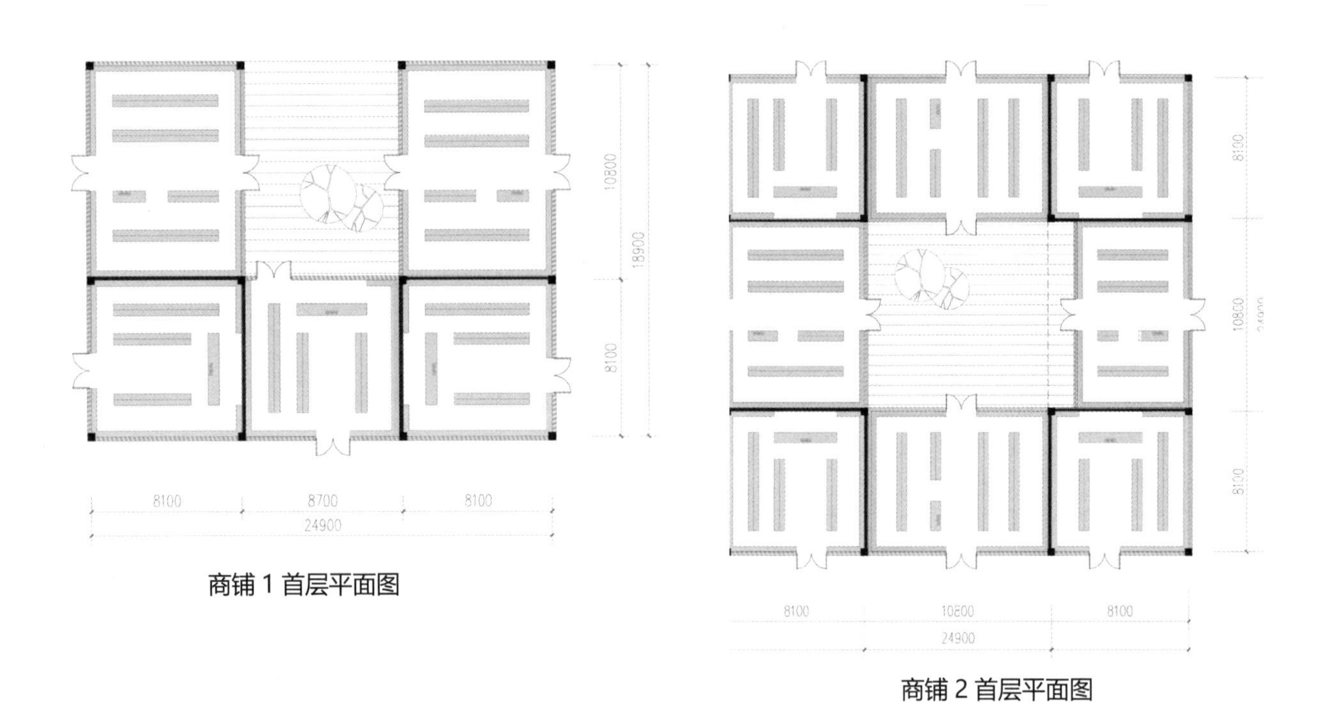

商铺 1 首层平面图

商铺 2 首层平面图

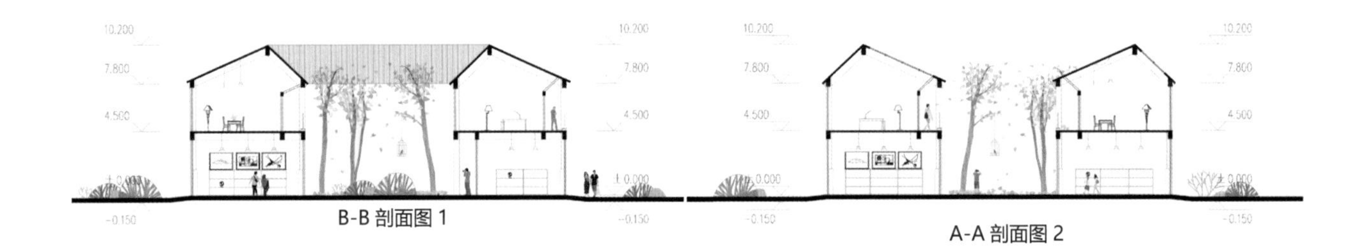

B-B 剖面图 1

A-A 剖面图 2

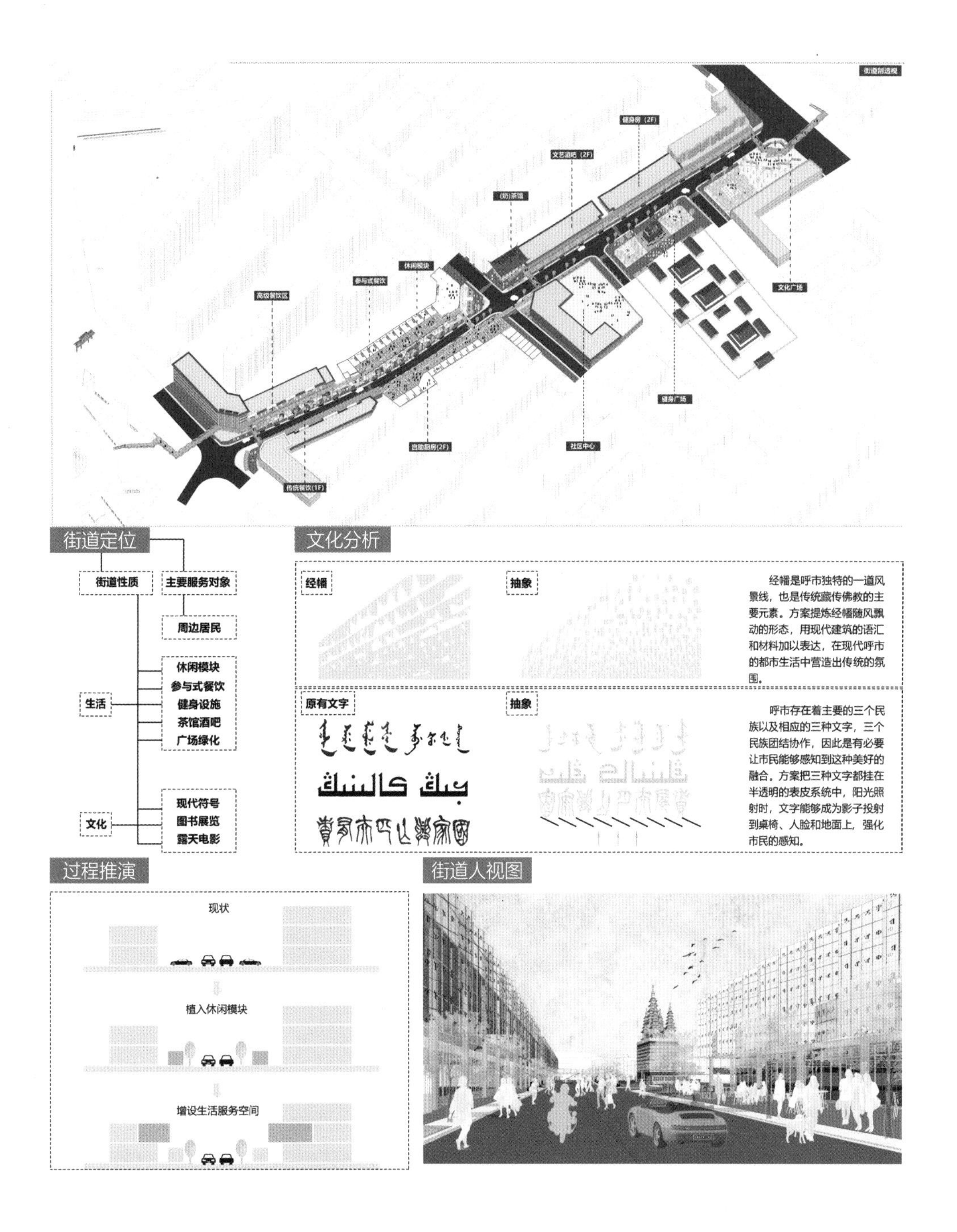
街道剖透视
健身房（2F）
文艺酒吧（2F）
(奶)茶馆
休闲模块
参与式餐饮
高级餐饮区
文化广场
健身广场
自助厨房(2F)
社区中心
传统餐饮(1F)
街道定位
街道性质
主要服务对象
周边居民
生活
休闲模块
参与式餐饮
健身设施
茶馆酒吧
广场绿化
文化
现代符号
图书展览
露天电影
文化分析
经幡
抽象
经幡是呼市独特的一道风景线，也是传统藏传佛教的主要元素。方案提炼经幡随风飘动的形态，用现代建筑的语汇和材料加以表达，在现代呼市的都市生活中营造出传统的氛围。
原有文字
抽象
呼市存在着主要的三个民族以及相应的三种文字，三个民族团结协作，因此是有必要让市民能够感知到这种美好的融合。方案把三种文字都挂在半透明的表皮系统中，阳光照射时，文字能够成为影子投射到桌椅、人脸和地面上，强化市民的感知。
过程推演
现状
植入休闲模块
增设生活服务空间
街道人视图

街道效果图

街道剖透视

社区中心平面图

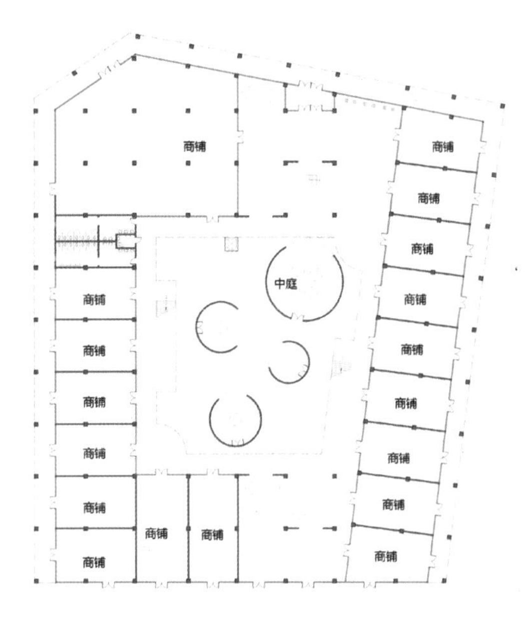

首层平面图

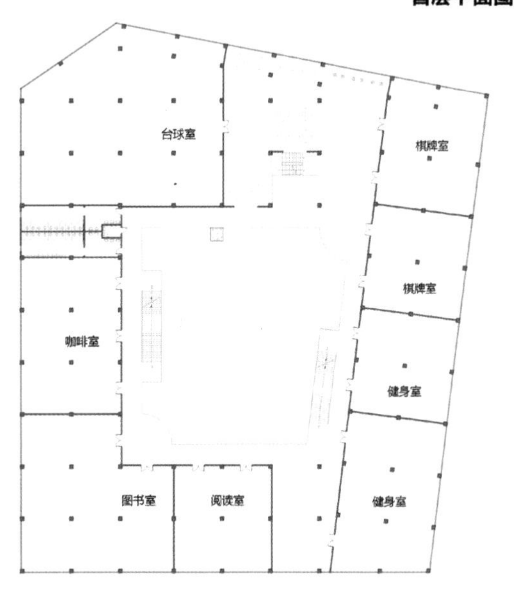

二层平面图

设计心得与体会

01 设计 1——呼市上街图

高艺博

王涵延

宫韵昭

感悟

首先城市设计和建筑设计相比来说是有巨大差异的，对于我们第一次做城市设计来说，认识城市设计这一方向的工作性质就很关键，需要结合建筑设计与城市规划的工作要求同时整合两者的信息，城市设计尤其关注公共空间，那么后期的设计工作具体也是围绕人的行为与公共空间来展开的，一定程度上，也可以通过对比建筑设计与城市设计之间的差异来更好地理解城市设计的设计目标。

这次设计过程使我们对城市设计的工作实践与流程有了大体的认识，需要在较短时间内对本身陌生的场地进行调查整合信息与设计判断，以及实地去做数据统计，并通过与当地居民的问答调查了解他们的情感需求。城市设计的目标就是在场地数据的不断对比与场地信息和设计条件的不断整合中逐渐清晰的。

这次城市设计最大的收获就是，对“城市是什么”“如何去看待城市”这些问题，有了很多的思考与感受。

呼和浩特对我来说，本来是个完全陌生的城市。在不断的调研中，逐渐地了解了呼市的历史和现在、旧城和新城、宗教文化和市井生活。其中接触最多的是本地的居民百姓。也真实地感受到，城市最重要的组成部分是生活于此的人们。

人，是社会性动物，人的社会性存在于人与人之间的关系中。可以说，社会的实质就是“关系”，而城市就更像是这层关系的具象表达。不管是建筑物，还是公共空间；不管是生产，还是共享资源；都在借以形成城市而表达人的关系。而这也成为这个方案所想表达的观点：城市的生命力来自于生活在此的人们。

感谢为这次联合设计付出心力的老师和同学。能有这样的交流机会，深感荣幸。

过程照片

设计心得与体会

02 设计 2——城市重构

游佳伟

董雪莹

高丹

感悟

本次小组参与的四校联合城市设计，对于我们来说是一个新的机遇与挑战。

首先，我们之前的设计要么是单人设计，要么是小组合作、院内交流，在某种程度上来说，具有一定的局限性，思想和矛盾的碰撞也没有太强烈，然而四校联合给我们提供了一个跨地域交流讨论的机会，从中我们认识到对于同一个题目，不同的文化背景下的师生会有截然不同的答案，也正因此在讨论的过程中难免会有激烈的反驳与质疑。在我们看来，求大同而存小异是一个建筑良性发展的方向，“同”的是都要创造一个更美好的生活，“异”的是大家采取的策略不同罢了。

其次，城市设计这个课题，把我们的着眼点从一个单体建筑扩宽到了整个城市的背景下，我们也开始学习着用城市的视角看待建筑问题。

虽然过程比较艰辛，但是一分耕耘就有一分收获。相信四校的师生也从中学到了很多，感谢所有为之付出努力的老师和同学们！

过程照片

3.4　北方工业大学

指导老师：卜德清　胡燕

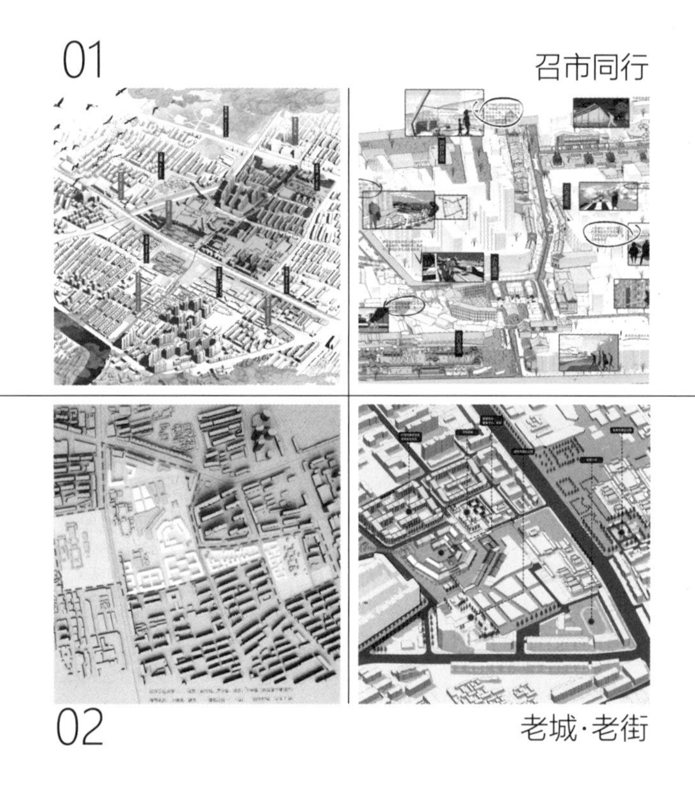

01 设计 1——

召市同行

刘恒瑞 周子琴 蒙宁宁 刘玥 付聪

02 设计 2——

老城·老街

胡佳铭 凌艺 王中樱 罗小敏

01 设计 1——召市同行

“召”：召庙、召唤。以基地内的召庙为作为区域文化特色，期望以设计来召唤人们来到“席力图召—五塔寺”区域。

“市”：城市、市井。设计出发点是以人为本，期望通过设计，提升该区域市民生活舒适度，充分展现此区域亲切舒适的市井氛围。

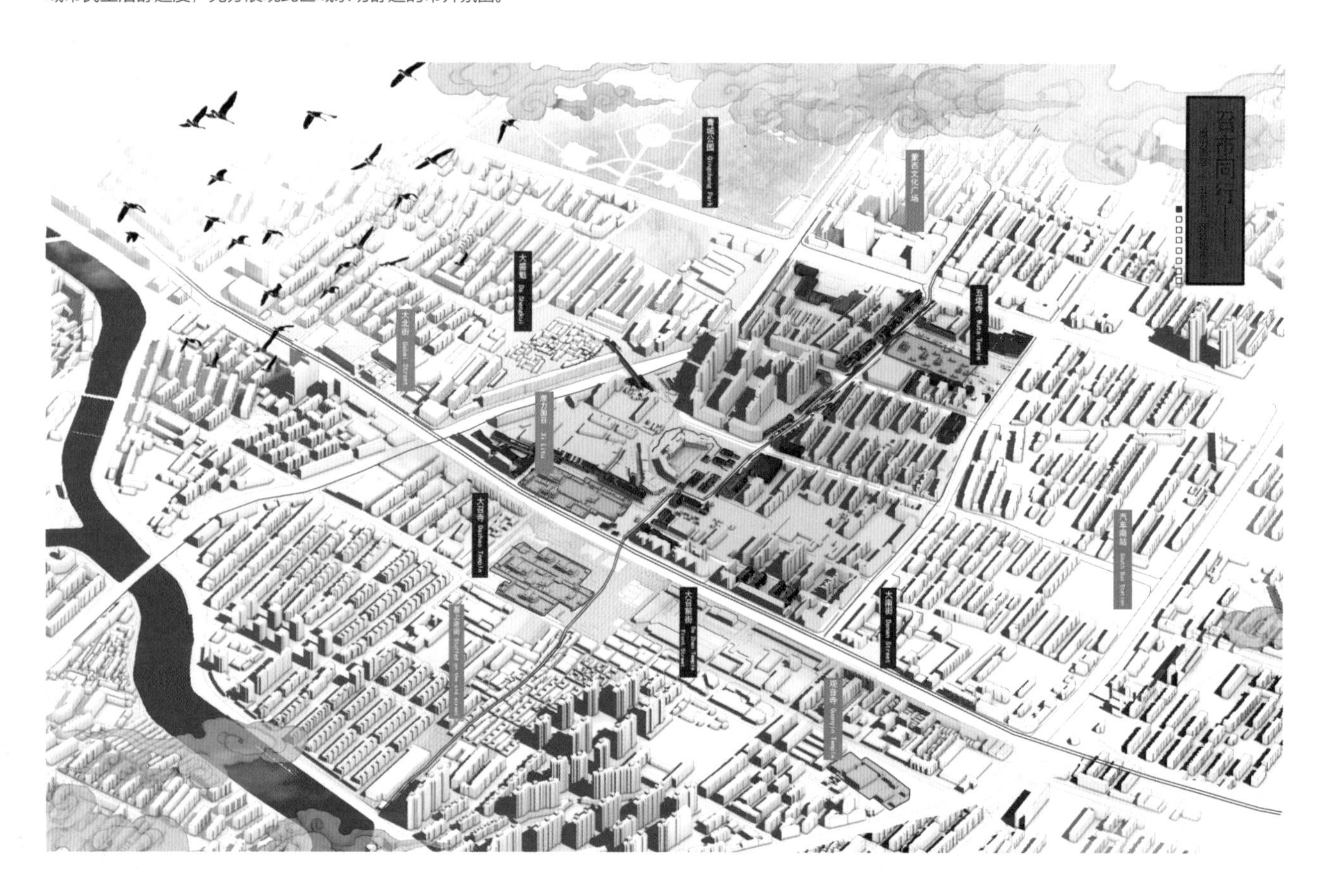

历史沿革

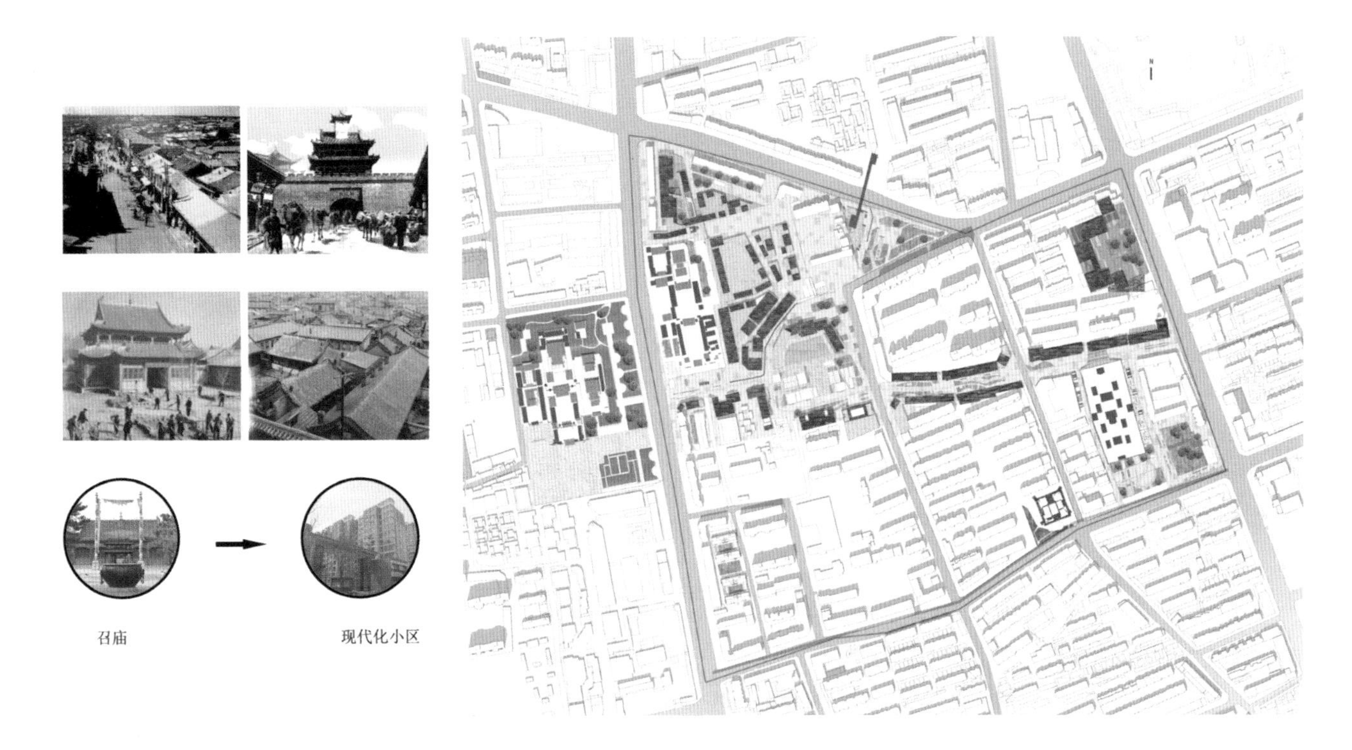

基地内存在问题

席力图召西侧围墙遮挡严重，影响历史建筑的风貌，可采取在东侧高架廊道使游人欣赏召庙古建筑。

市民市场为片区居民主要活动空间，商家侵占公共区域且只有单一出入通道，流线单调不利于疏散。

大漠古玩城建筑过高，造成视线遮挡，可进行拆除，保留两层作为半地下活动空间。

小召牌坊西侧的民居历史风貌良好但质量较差，考虑进行修缮，维持其历史风貌。

五塔寺存在围墙遮挡视线情况，并且五塔寺前街存在入口空间不明显的情况。寺庙东侧步行街未充分利用。

步行街未考虑与寺庙临街面的关系，造成大量的空间浪费。

席力图召寺庙中白塔有很好的景观廊道，却并未充分利用，可增设景观平台吸引人流。

大盛魁北部步行广场空间大而无当，应增设一些城市家具为游客提供休憩空间并适当缩小空间尺度。

场地现状分析

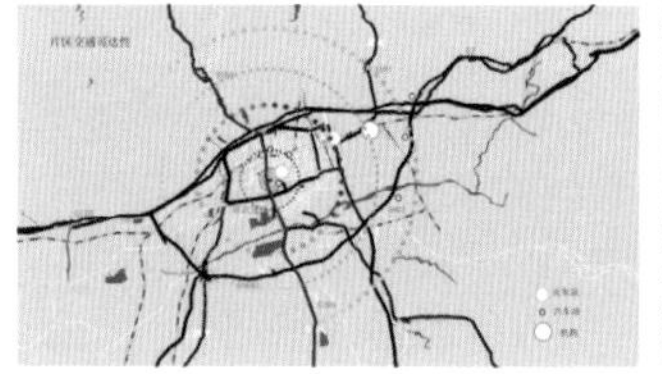

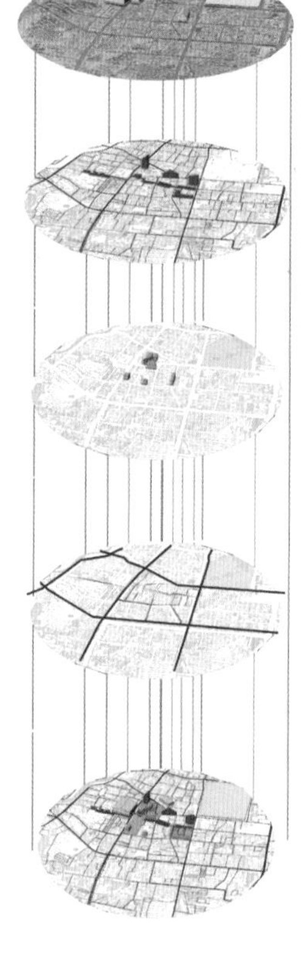

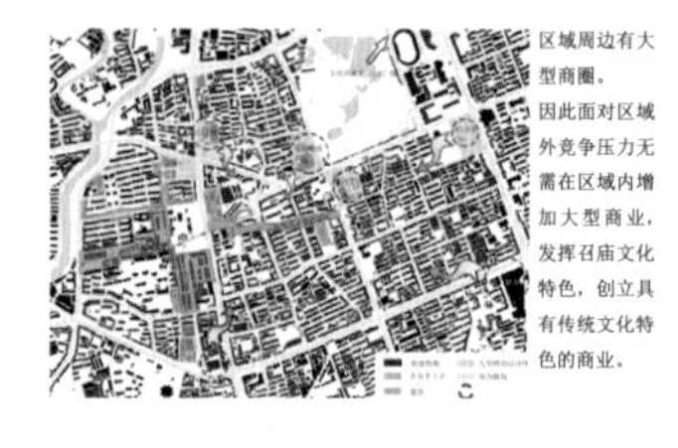

区域周边有大型商圈。因此面对区域外竞争压力无需在区域内增加大型商业，发挥召庙文化特色，创立具有传统文化特色的商业。

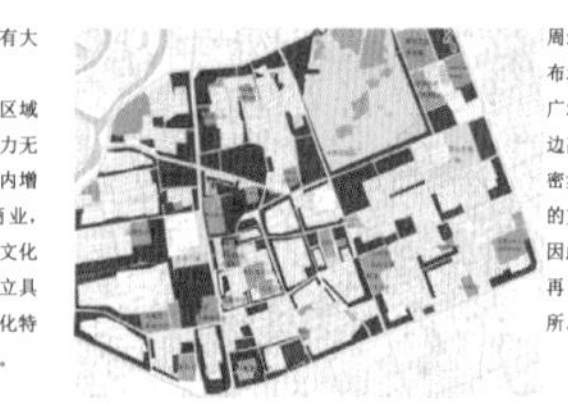

周边教育资源分布均匀，有大型广场及公园。周边高档商圈分布密集但缺乏一定的文娱用地。因此区域内无需再添加教育场所。

大南街为双向八车道，鄂尔多斯街、石羊桥路为双向六车道，内部主干道多为双向双行道，次干道为单行道。

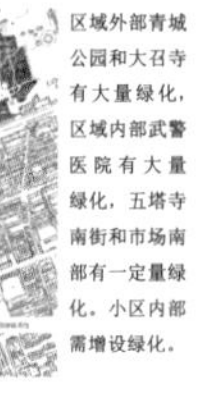

区域外部青城公园和大召寺有大量绿化，区域内部武警医院有大量绿化，五塔寺南街和市场南部有一定量绿化。小区内部需增设绿化。

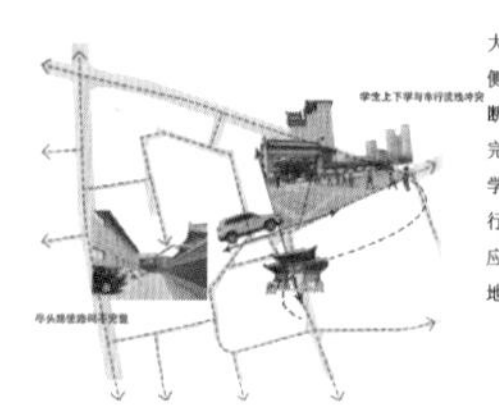

大盛魁商业街分侧因围墙造成的断头路使路网不完整；小召小学学生上下学与车行流线相冲突，应该设立天桥或地下通道。

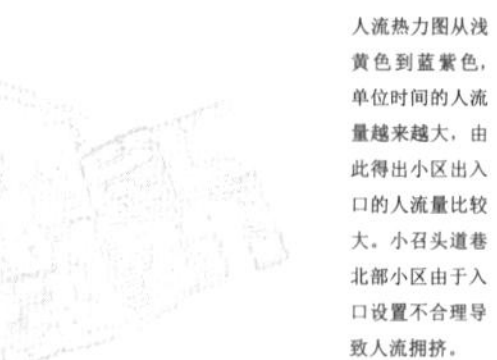

人流热力图从浅黄色到蓝紫色，单位时间的人流量越来越大，由此得出小区出入口的人流量比较大。小召头道巷北部小区由于入口设置不合理导致人流拥挤。

黑色部分为2004年前建成，红色部分到黄色部分为2004年到2016年建成。席力图召和五塔寺为2000年以前的建筑。针对2004年前的老旧住宅可选择性拆除。

红色部分为文保，橙色部分为有历史风貌的历史建筑，褐色部分为有传统风貌的一般性建筑，绿色部分为现代建筑，绿色部分建筑风貌需要整改。

红色部分为建筑质量较好的建筑，橙色部分为建筑质量一般的建筑，绿色部分为建筑质量较差的建筑。质量好风貌差的建筑可立面整改，质量差风貌差的建筑予以拆除。

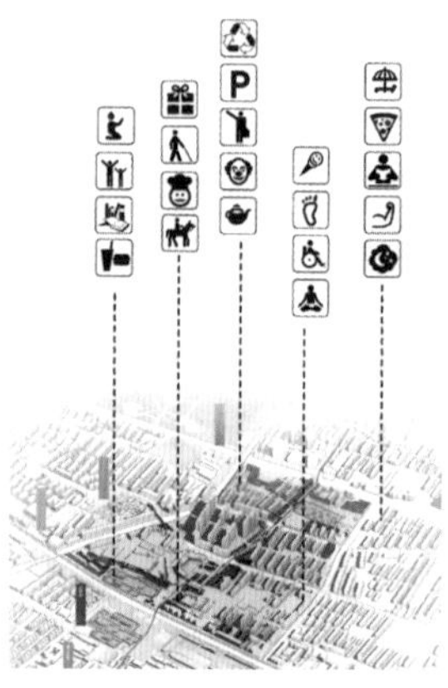

肌理结构

肌理提取

旧街区为小尺度合院式肌理，尺度宜人有良好的对外开放性。

肌理提取

随着科学社会的高速发展，原有肌理遭到了破坏，形成大量线性、大块的街区空间。

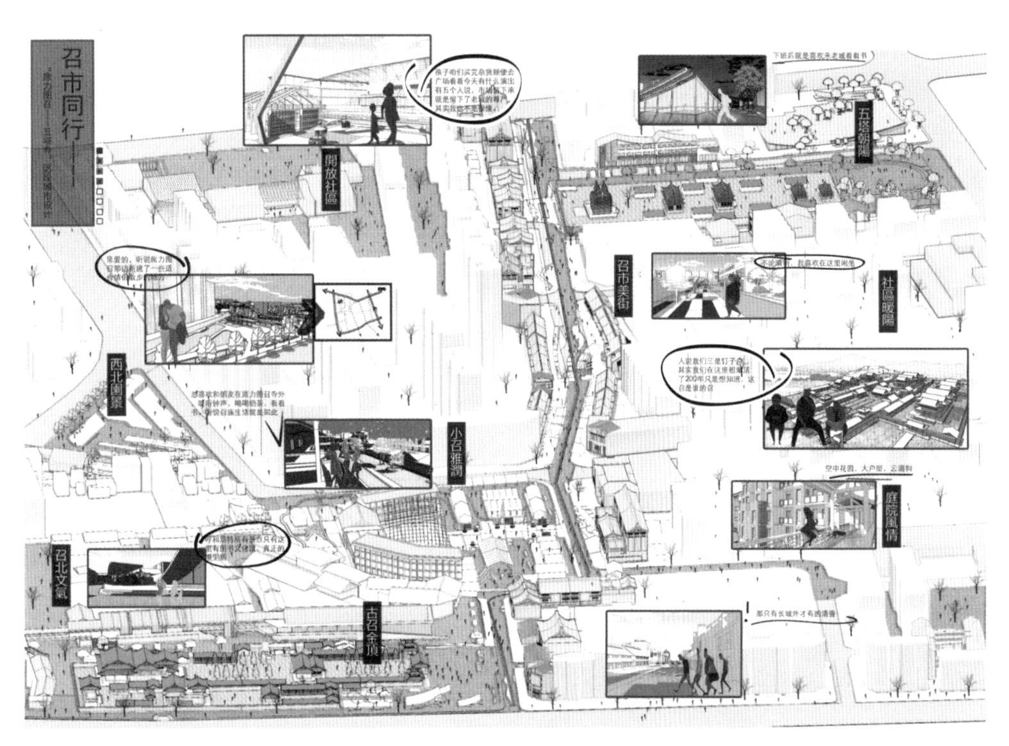

立面拼接及建筑风格

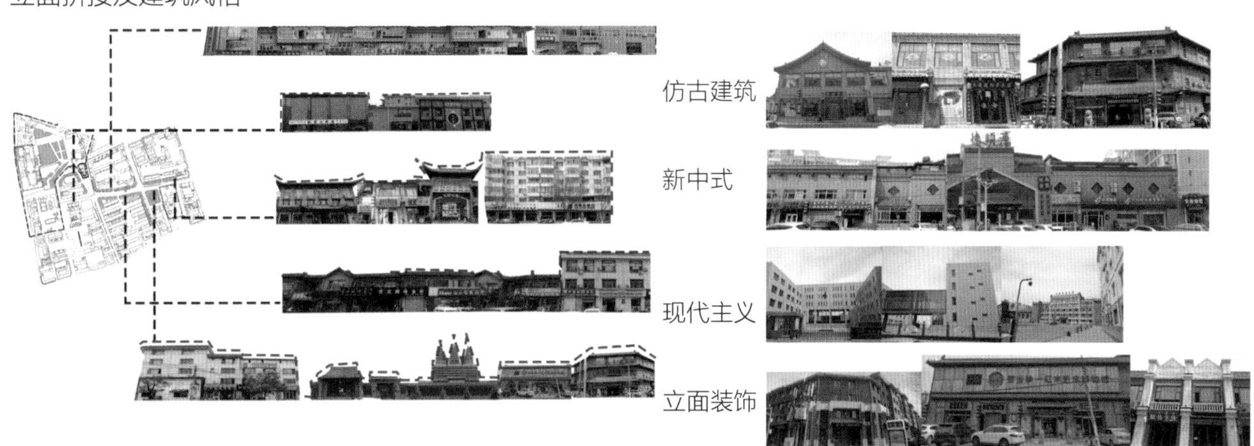

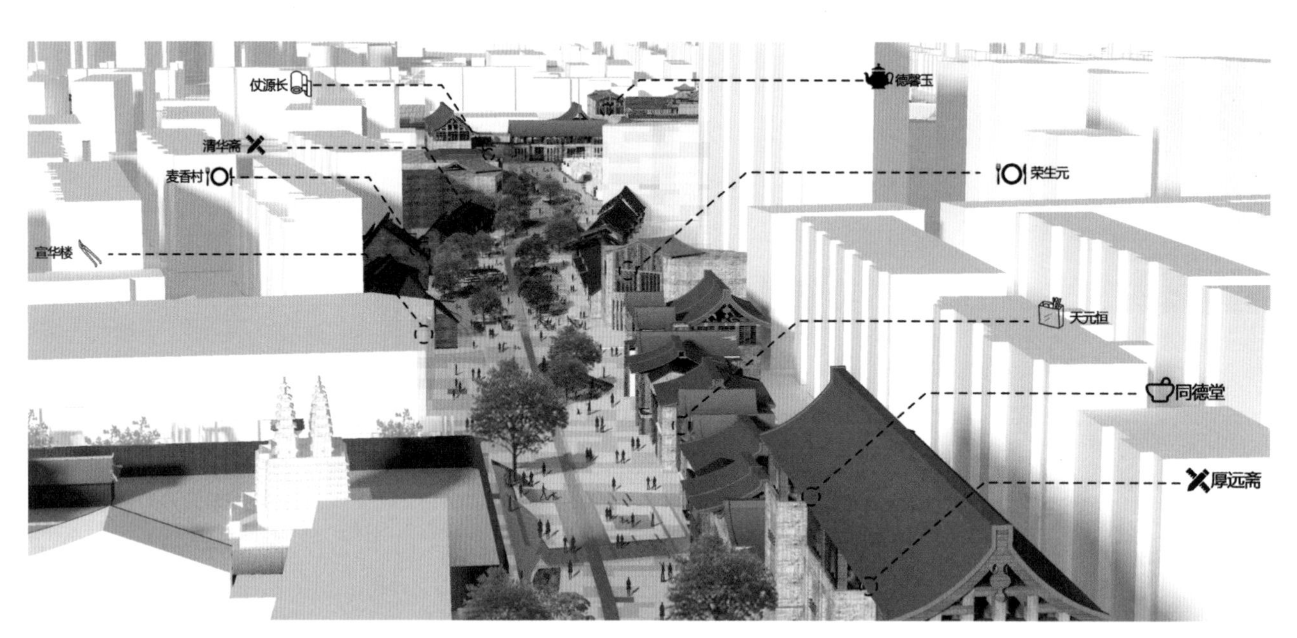
仗源长
清华斋
麦香村
宣华楼
德馨玉
荣生元
天元恒
同德堂
厚远斋

游览场景分析

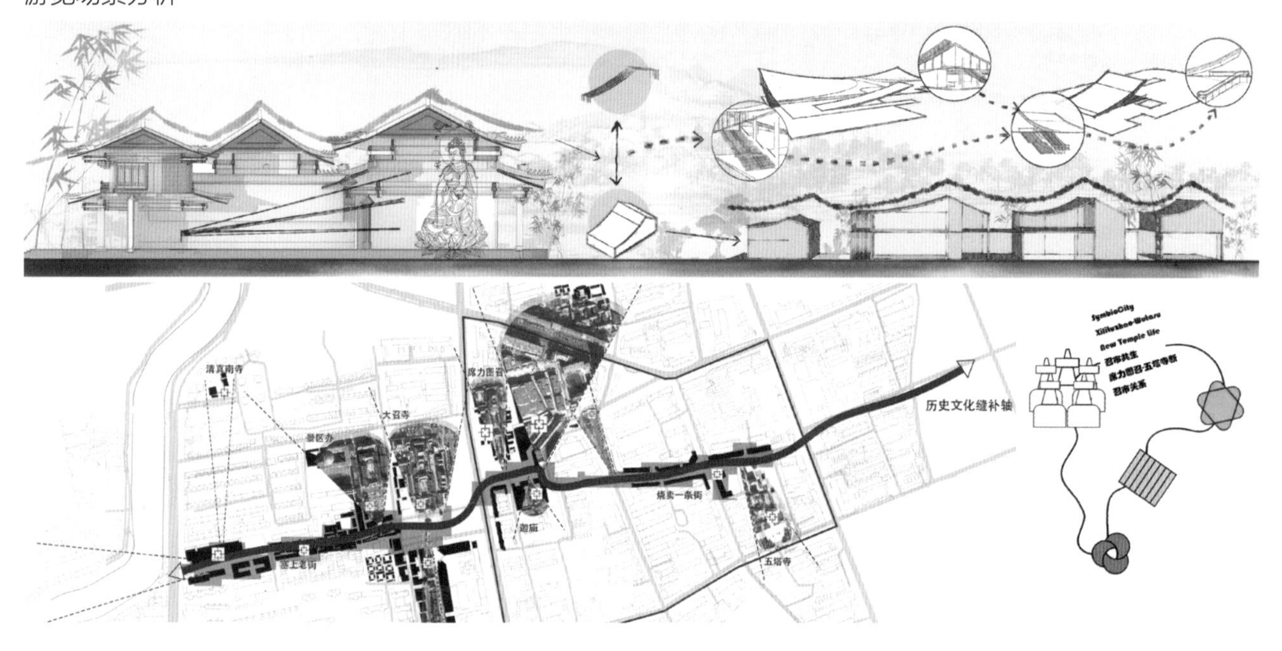
清真南寺
大召寺
景区办
席力图召
历史文化缝补轴
烧卖一条街
塞上老街
五塔寺
SymbioCity
New Temple life
召市共生
召市关系

街道轴线分析

道路空间分析

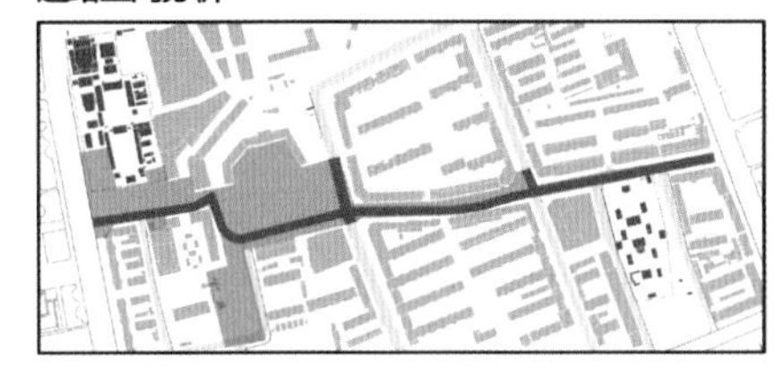

驼道流线分析

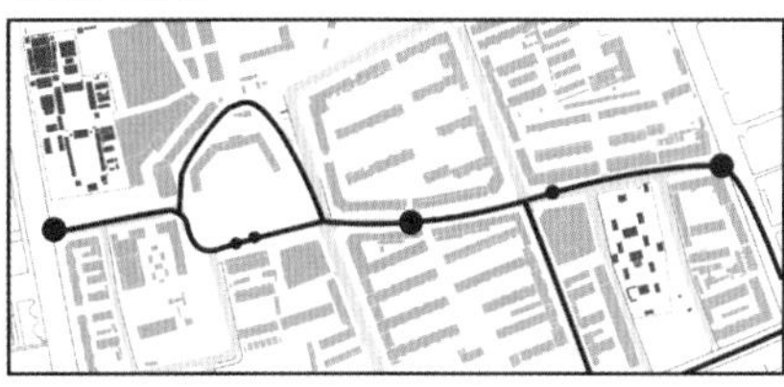

历史文化小品分布

节点改造展示

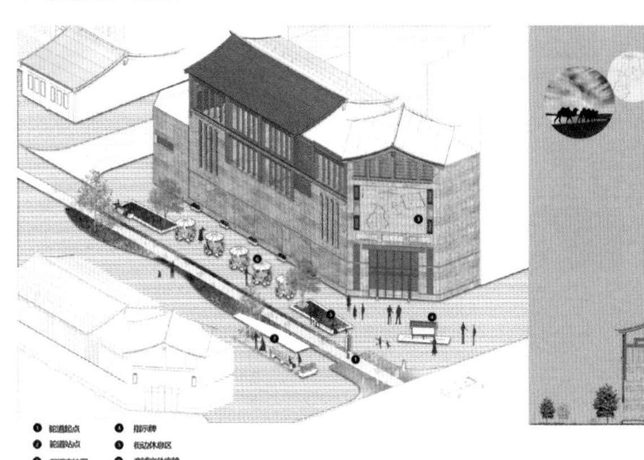

1. 驼道起点
2. 驼道站点
3. 旧城市地图
4. 指示牌
5. 街边休息区
6. 商铺室外座椅

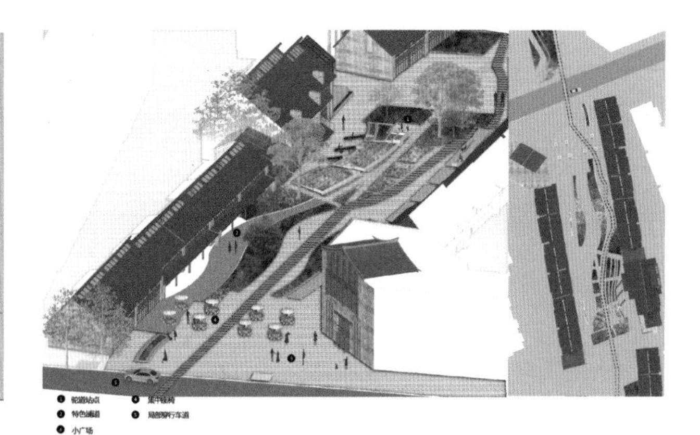

1. 驼道站点
2. 特色铺道
3. 小广场
4. 集中座椅
5. 局部骑行车道

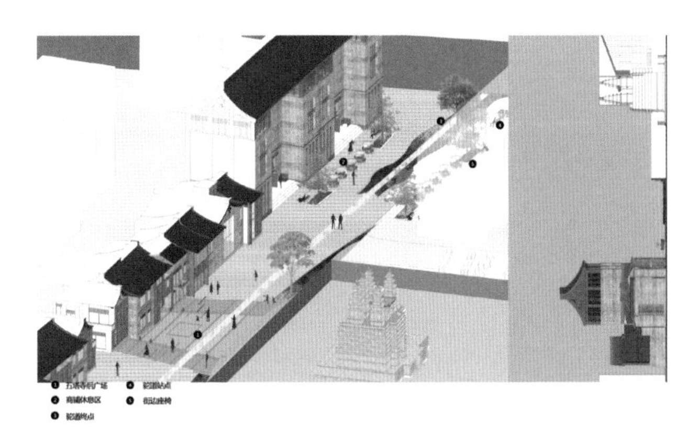

1. 五塔寺前广场
2. 商铺休息区
3. 驼道终点
4. 驼道站点
5. 街边座椅

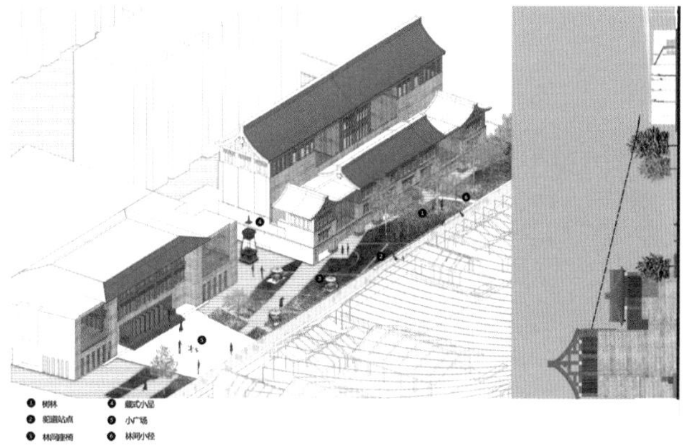

1. 树林
2. 驼道站点
3. 林间座椅
4. 廊式小品
5. 小广场
6. 林间小径

市井广场场景再现

市井广场改造策略

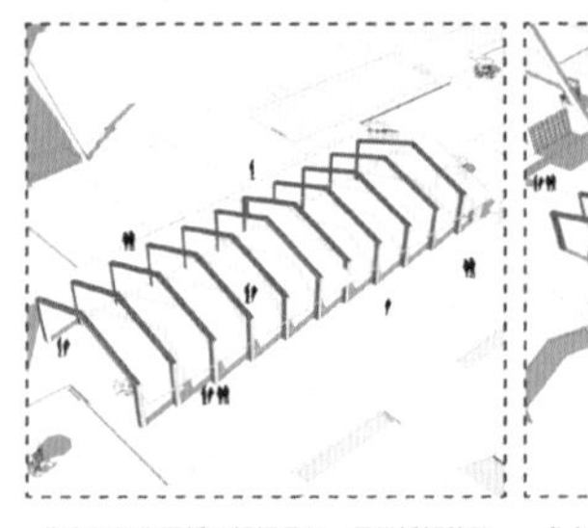

集市结构为可拆分轻钢骨架，便于拆卸移动

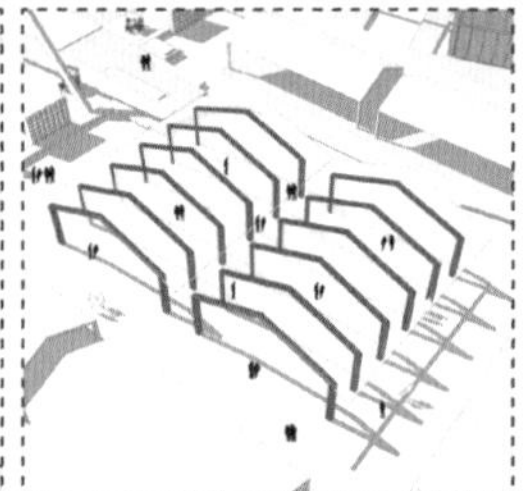

多个集市可拼接为不同模式的买卖单元

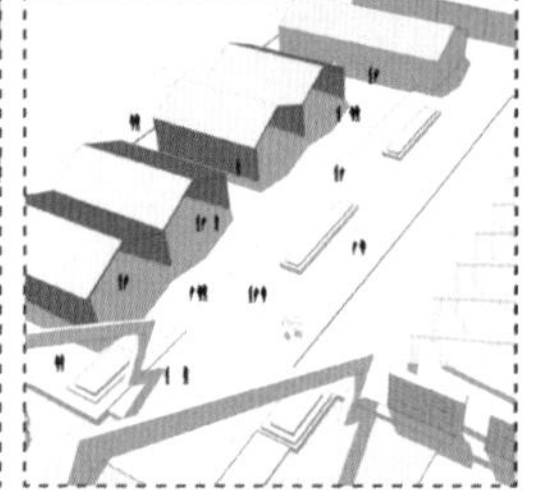

众多的买卖单元吸引大量当地居民与外地游客，实现青城文化外传播

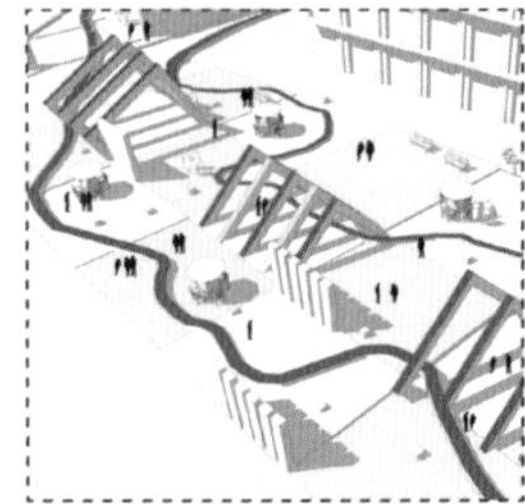

整体手法采用框景设计，聚集于文化长廊

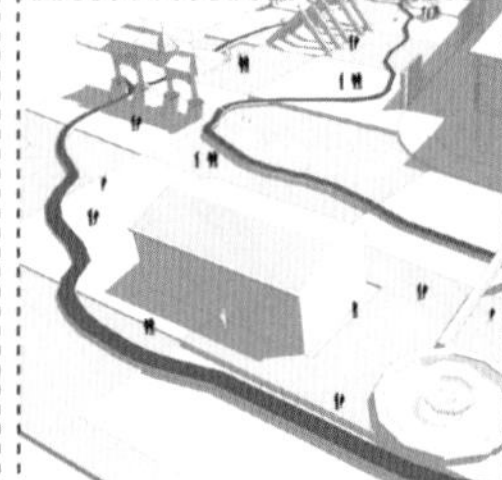

提取古河形象设立构筑物连接集市 - 小召 - 老旧建筑，连接三个重要节点

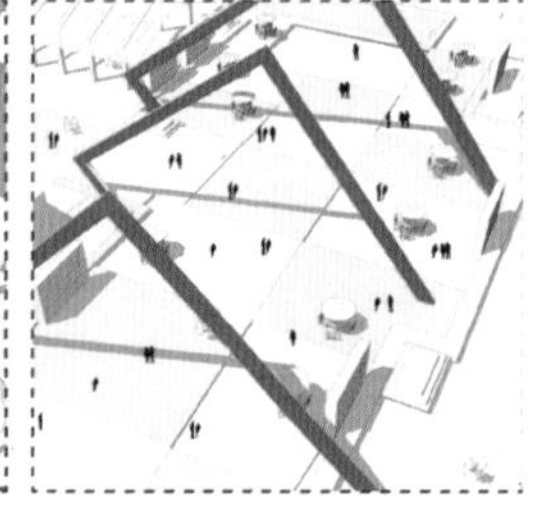

广场中间留出大面积空地，为临时庙会让步

市井广场流线分析

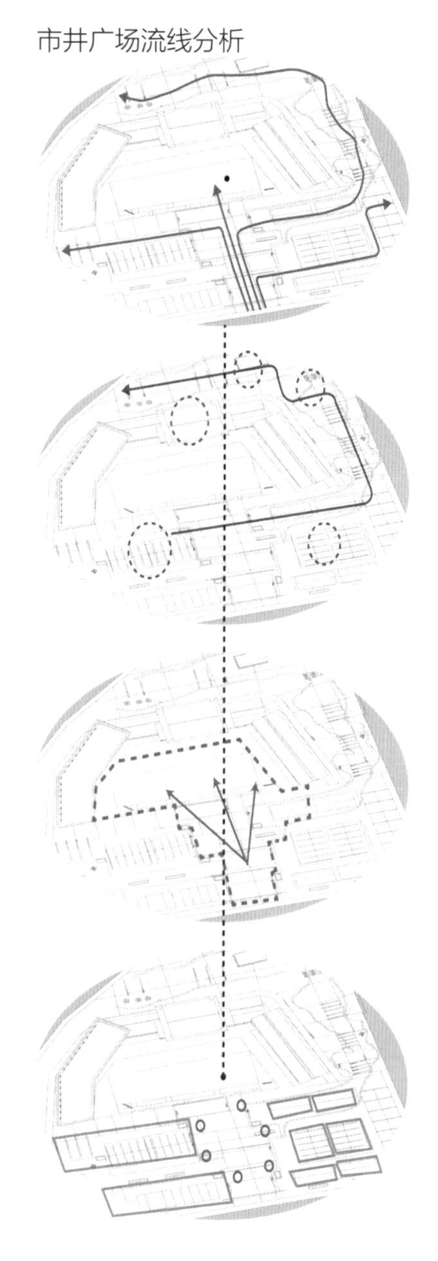

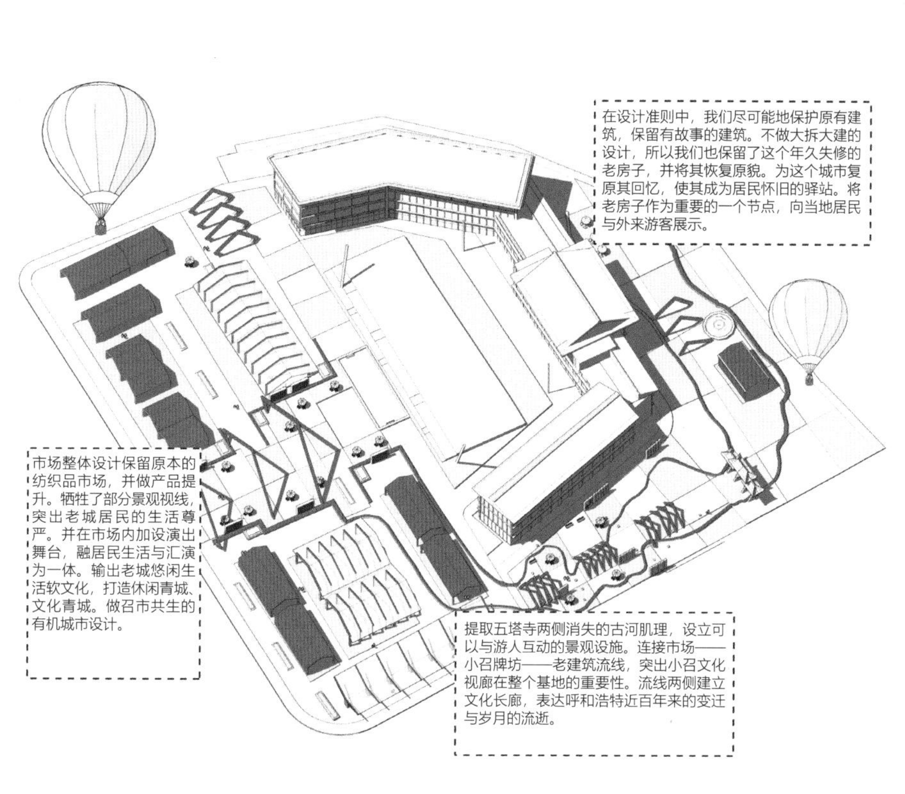
在设计准则中，我们尽可能地保护原有建筑，保留有故事的建筑。不做大拆大建的设计，所以我们也保留了这个年久失修的老房子，并将其恢复原貌。为这个城市复原其回忆，使其成为居民怀旧的驿站。将老房子作为重要的一个节点，向当地居民与外来游客展示。
市场整体设计保留原本的纺织品市场，并做产品提升。牺牲了部分景观视线，突出老城居民的生活尊严。并在市场内加设演出舞台，融居民生活与汇演为一体。输出老城悠闲生活软文化，打造休闲青城、文化青城。做召市共生的有机城市设计。
提取五塔寺两侧消失的古河肌理，设立可以与游人互动的景观设施。连接市场——小召牌坊——老建筑流线，突出小召文化视廊在整个基地的重要性。流线两侧建立文化长廊，表达呼和浩特近百年来的变迁与岁月的流逝。

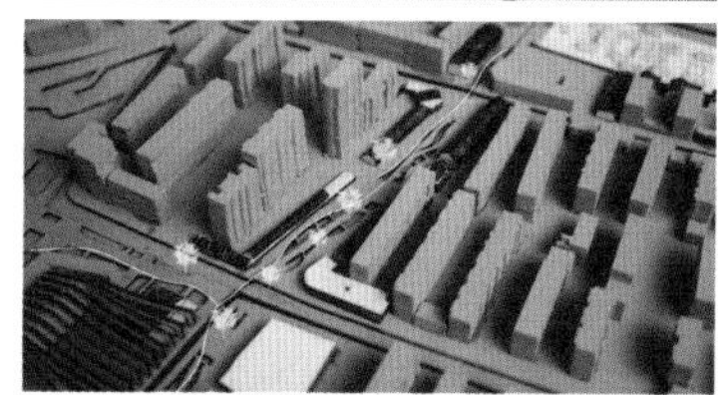

市井广场场景化

大盛魁节点激活

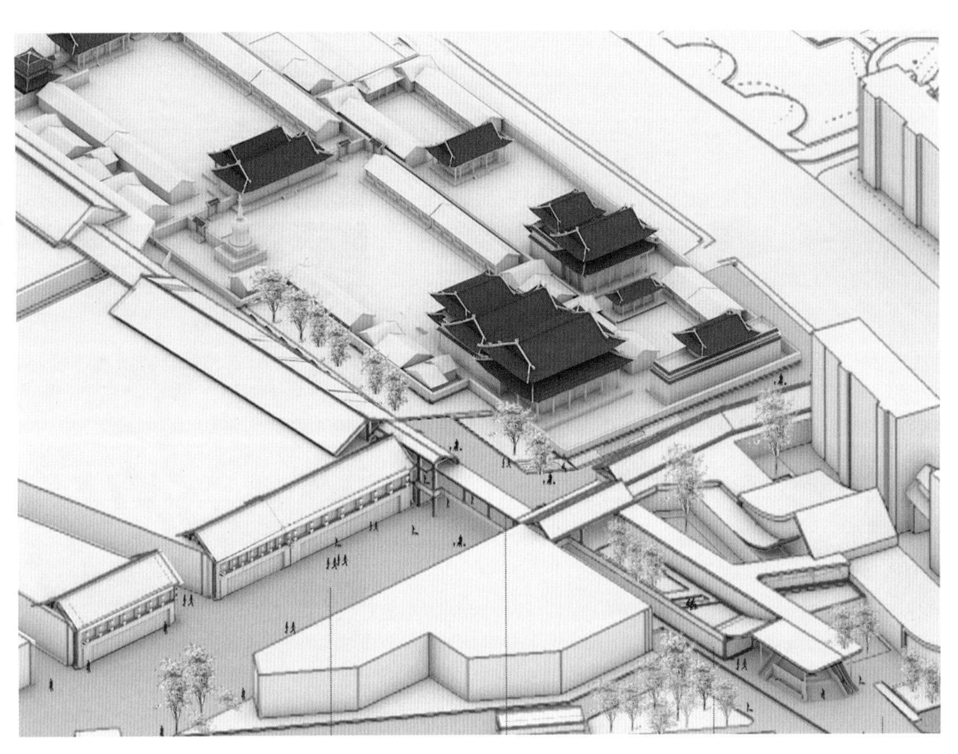

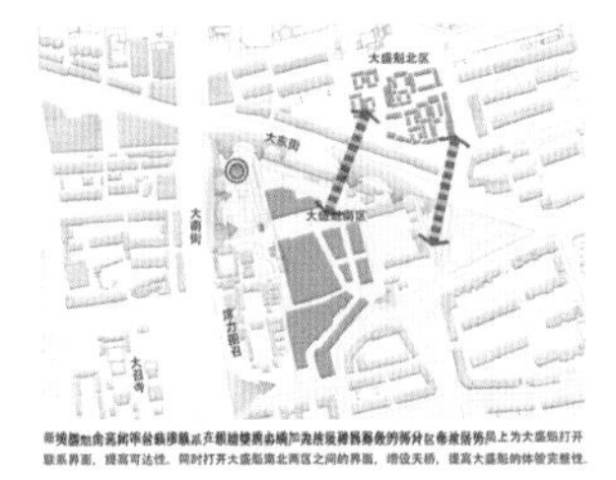

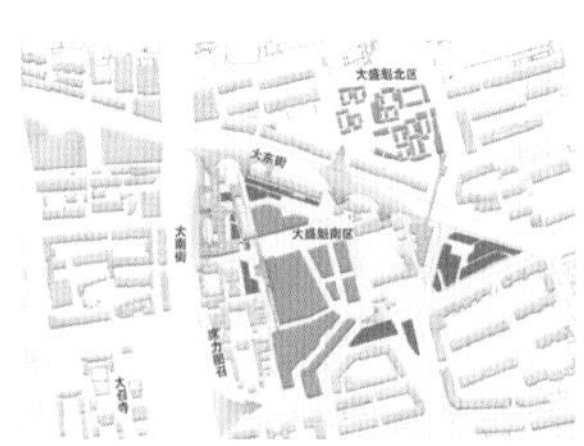

大盛魁设计策略

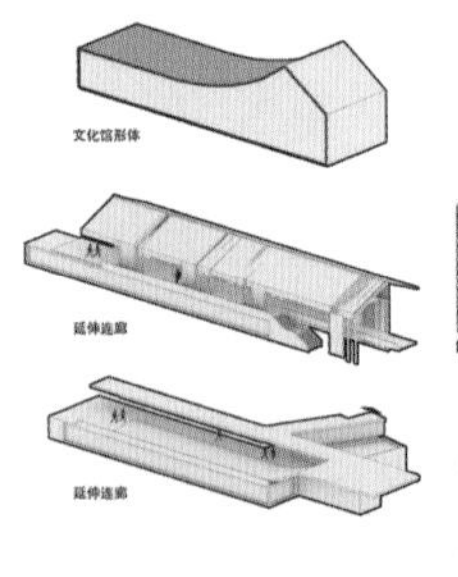

大盛魁剖面

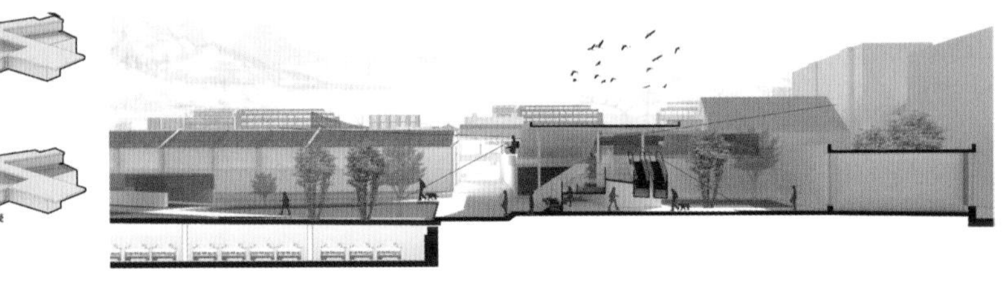

大盛魁场景化

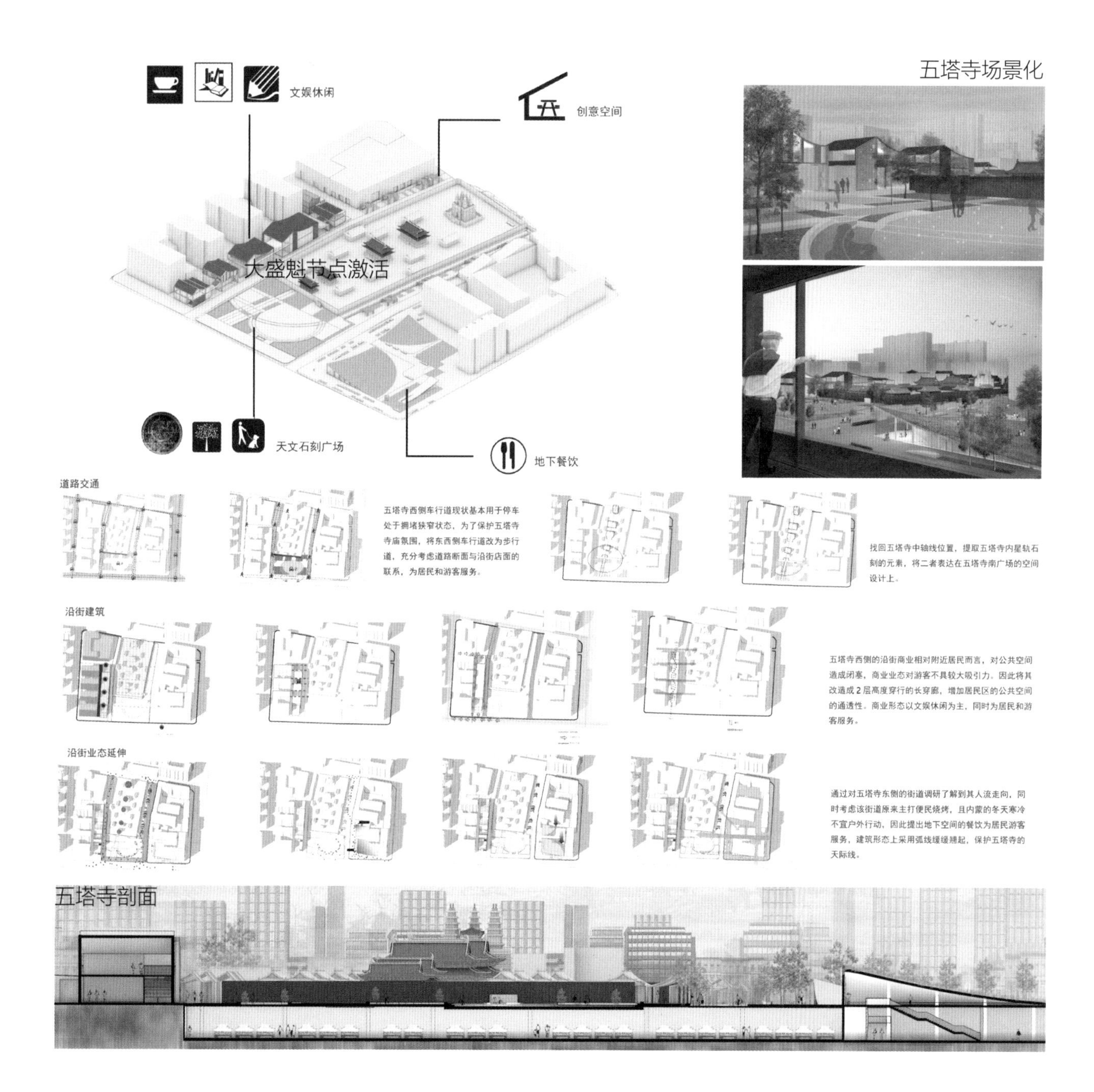
五塔寺场景化
文娱休闲
创意空间
大盛魁节点激活
天文石刻广场
地下餐饮
道路交通
五塔寺西侧车行道现状基本用于停车处于拥堵狭窄状态，为了保护五塔寺寺庙氛围，将东西侧车行道改为步行道，充分考虑道路断面与沿街店面的联系，为居民和游客服务。
找回五塔寺中轴线位置，提取五塔寺内星轨石刻的元素，将二者表达在五塔寺南广场的空间设计上。
沿街建筑
五塔寺西侧的沿街商业相对附近居民而言，对公共空间造成闭塞，商业业态对游客不具较大吸引力。因此将其改造成 2 层高度穿行的长穿廊，增加居民区的公共空间的通透性。商业形态以文娱休闲为主，同时为居民和游客服务。
沿街业态延伸
通过对五塔寺东侧的街道调研了解到其人流走向，同时考虑该街道原来主打便民烧烤，且内蒙的冬天寒冷不宜户外行动，因此提出地下空间的餐饮为居民游客服务，建筑形态上采用弧线缓缓翘起，保护五塔寺的天际线。
五塔寺剖面

02 设计 2——老城·老街

从城市不同的使用人群出发，分析其在城市中的不同行为和对城市的不同需求，通过对城市进行规划、改造，使居民与游客在城市中可以相互交流，同时保有相对独立的生活、活动空间。

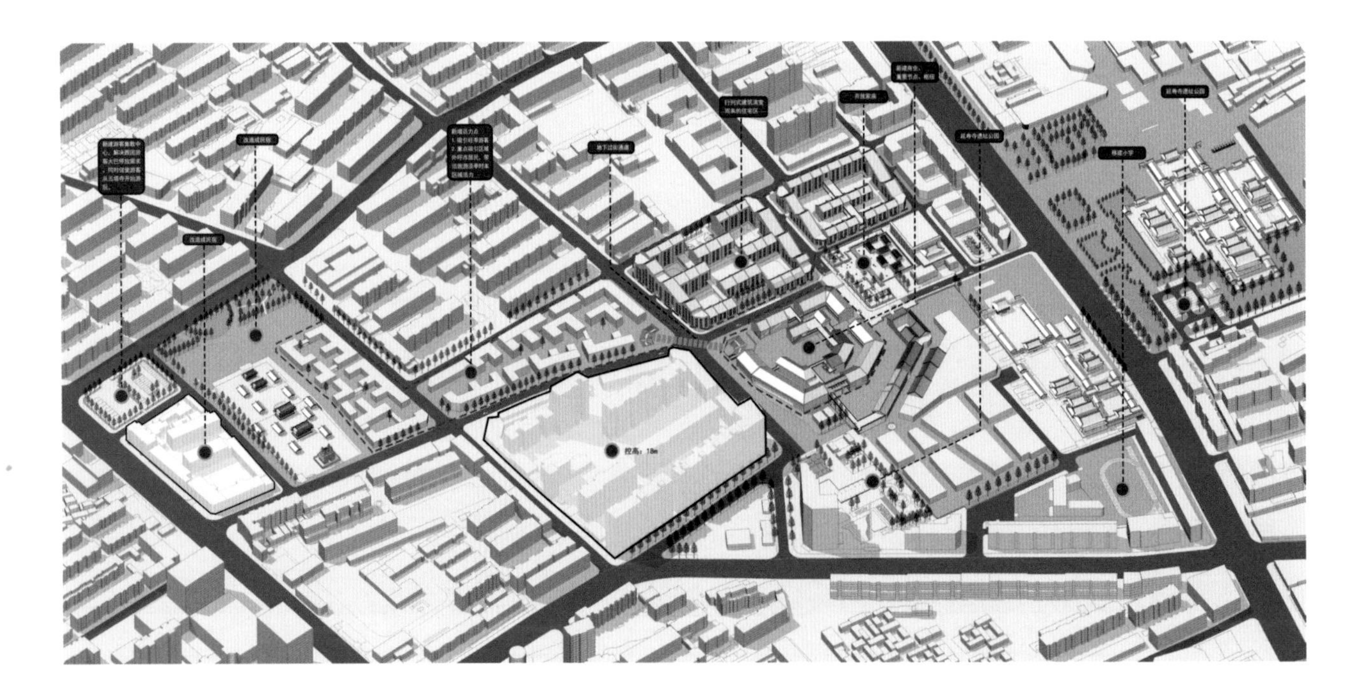

气候分析

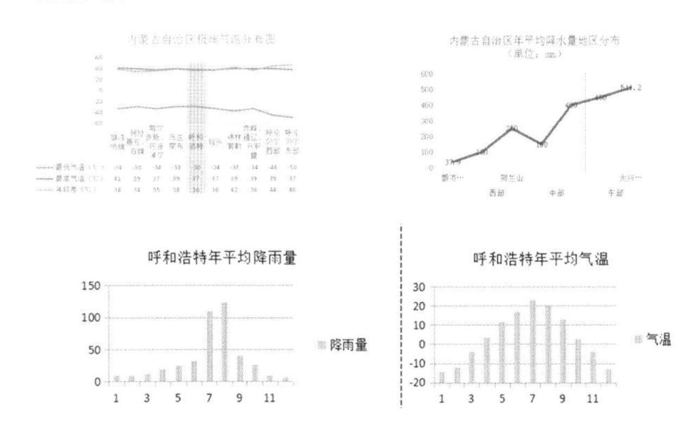

规划沿革

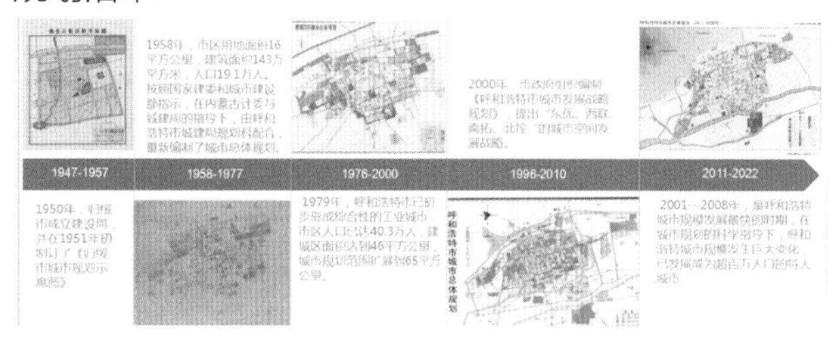

呼和浩特市产业结构变化

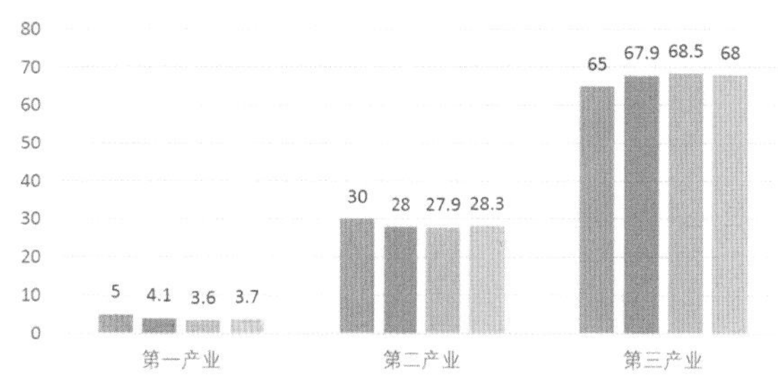

人口组成

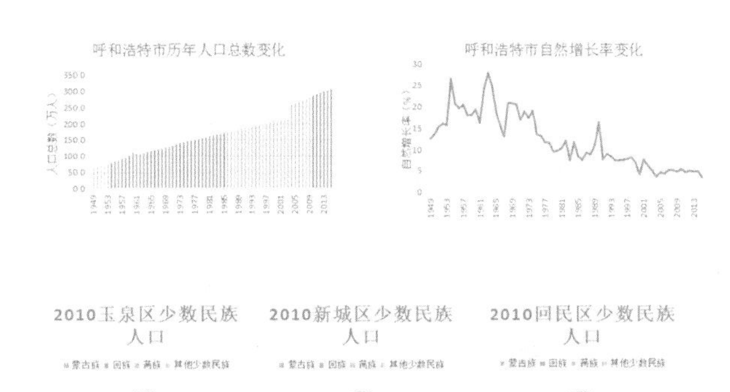

人群分析

本区域居民
外地游客
本区域外呼市居民
城市主人
城市客人
城市客人
旅游旺季
旅游淡季
现状
改进
理想状态
外地游客
本区域外呼市居民
旅游旺季
旅游淡季
理想状态
活力引入

居民活动分类
个体活动
特点：要求相对较低
遛狗、跑步等
小群体活动
特点：对空间私密性要求较高、便捷易达、散点均匀分布
下棋、闲坐闲聊、乒乓球等运动
大群体活动
特点：所需活动场地大，场地服务半径大
广场舞、篮球、足球运动

居民年龄划分
A. 幼童
行为能力弱，安全要求高，活动范围较小，大部分时间在离家近的地方活动。特殊活动场所：游乐场
D. 中老年人
小群体活动时在家附近，大群体活动时可离家稍远，需大广场
B. 中小学生
以个体活动以及小群体活动为主，活动范围离家较近，活动以玩耍为主，例：社区足球场
E. 行为能力差的老年人
活动能力较差，坐轮椅，活动一般距离家很近，活动一般为闲坐聊天、晒太阳、看人跳舞等
C. 中青年
有比较大的消费需求，购物逛街美食等，也有爱运动的，需篮球场、足球场等活动场地

活力点分析

图中红线为老人活动流线、绿线为小孩活动流线。

现状中老人活动单一，小孩活动缺乏，年轻人活动缺失。小孩缺乏游乐园，年轻人缺乏满足其消费需求的场所。老人缺乏小群体活动空间。烧卖街可改造成吸引年轻人的区域。

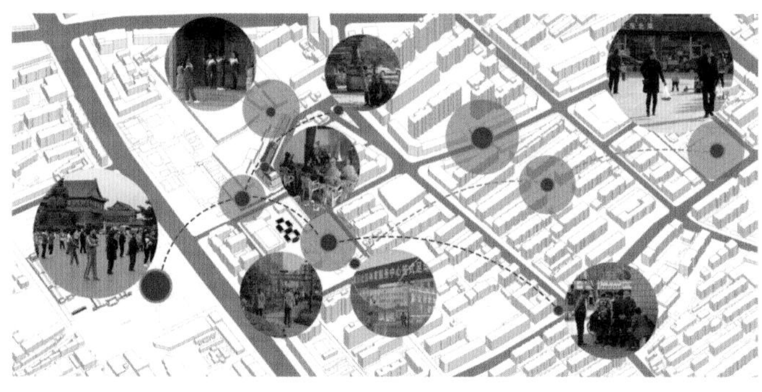

业态类比

北京前门大街业态类型及其占比

业态类型	餐饮	茶、咖啡	服装鞋帽	特色糕点、土特产	工艺品、首饰品	钟表	其他	总计
数量	11	7	18	15	13	5	16	85
所占比重	12.94%	8.24%	21.18%	17.65%	15.29%	5.88%	18.82%	100%

南京1912业态类型及其占比

业态类型	餐饮	茶、咖啡	酒吧	休闲	零售	服务中心	其他	总计
数量	13	4	22	3	4	3	3	52
所占比重	25%	7.69%	42.31%	5.77%	7.69%	5.77%	5.77%	100%

成都宽窄巷子业态类型及其占比

业态类型	中餐、私房菜	西餐、特殊菜	茶、咖啡	酒吧	零售	客栈/民宿	总计
数量	12	6	15	6	12	1	52
所占比重	23.10%	11.50%	28.20%	11.50%	23.10%	1.90%	100%

北京南锣鼓巷业态类型及其占比

业态类型	餐饮	酒吧	茶、咖啡	服装、配饰	工艺品	书店	零售	酒店、民宿	总计
数量	20	13	9	60	65	2	19	3	195
所占比重	10.25%	6.67%	4.62%	30.77%	33.30%	1.03%	9.74%	1.54%	100.00%

北京南锣鼓巷业态类型及其占比

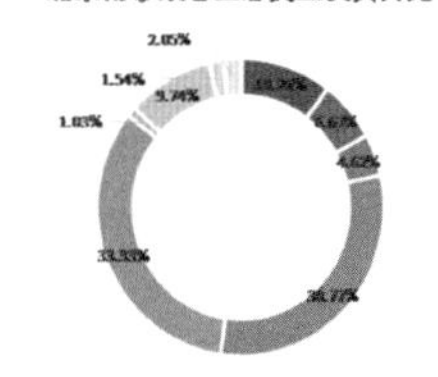

北京前门大街业态类型及其占比

基地产业构成

呼和浩特大盛魁业态类型及其占比

呼和浩特大盛魁业态类型及其占比（调整）

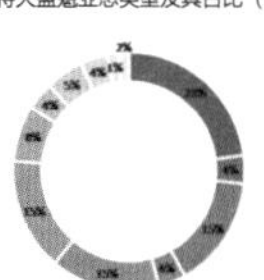

呼和浩特大南街业态类型及其占比

呼和浩特大南街业态类型及其占比（调整）

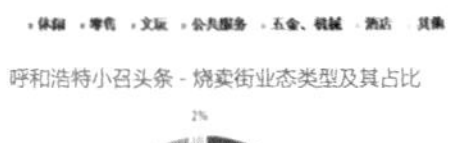

呼和浩特小召头条 - 烧卖街业态类型及其占比

呼和浩特小召头条 - 烧卖街业态类型及其占比（调整）

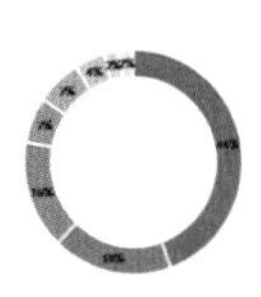

基地功能分布

基地交通及活力点

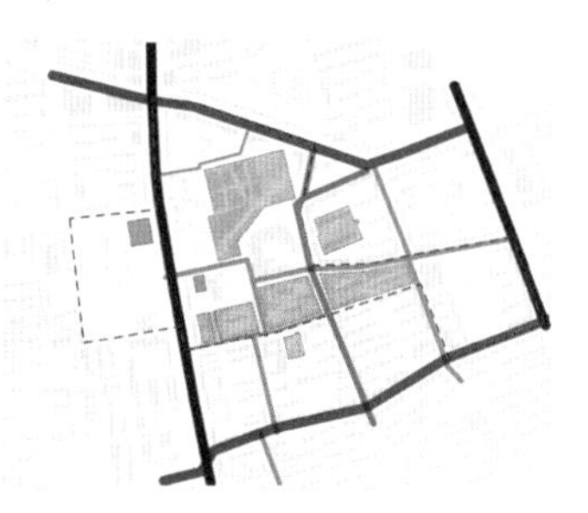

优质街道剖面

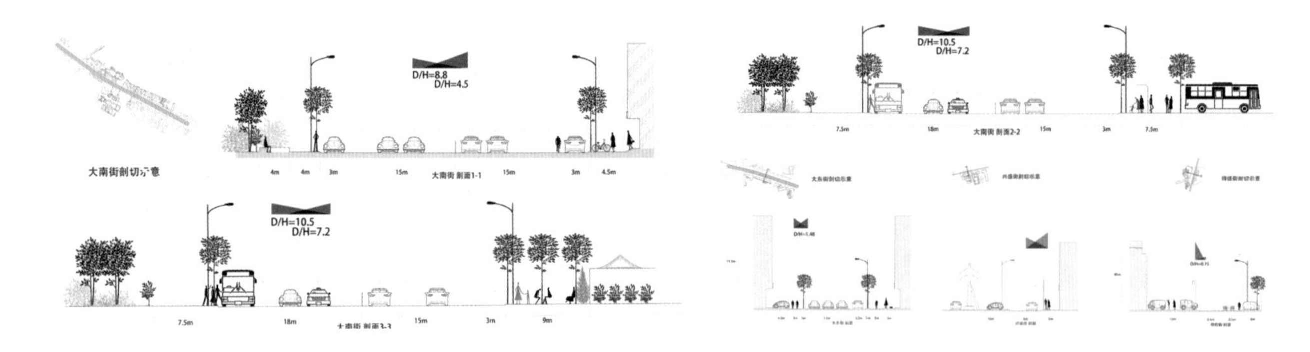

需改造街道剖面

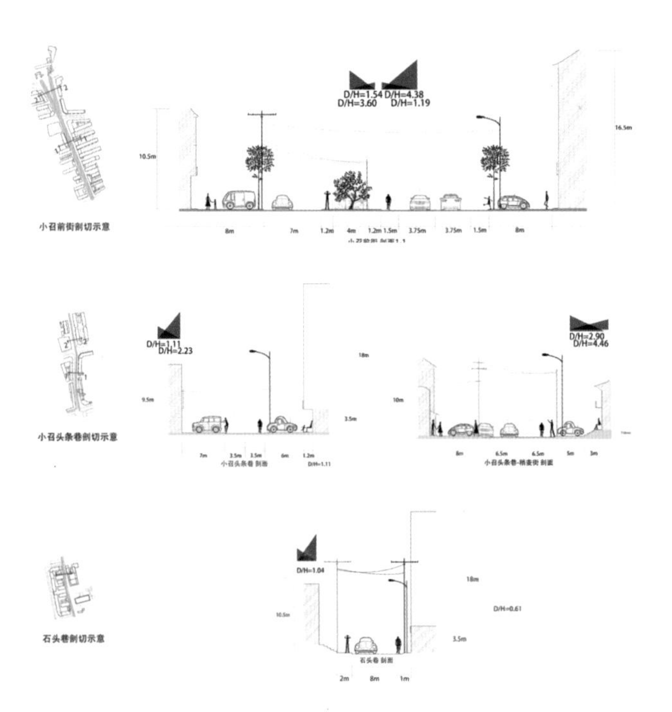

改造后街道剖面

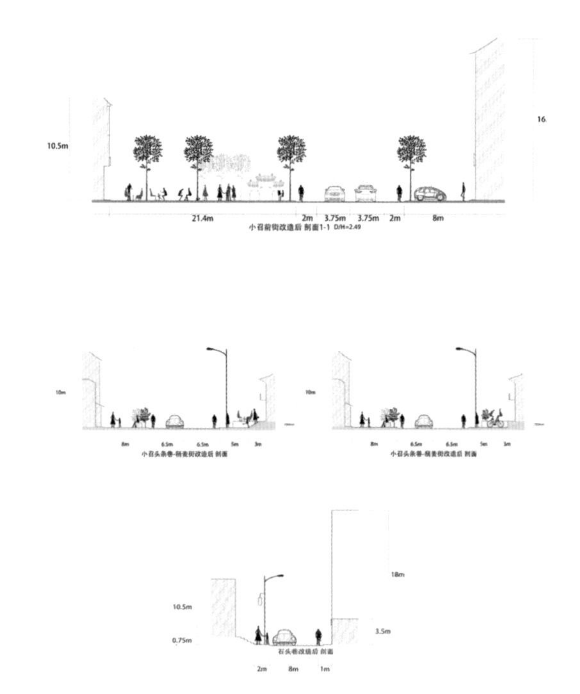

区块改造策略

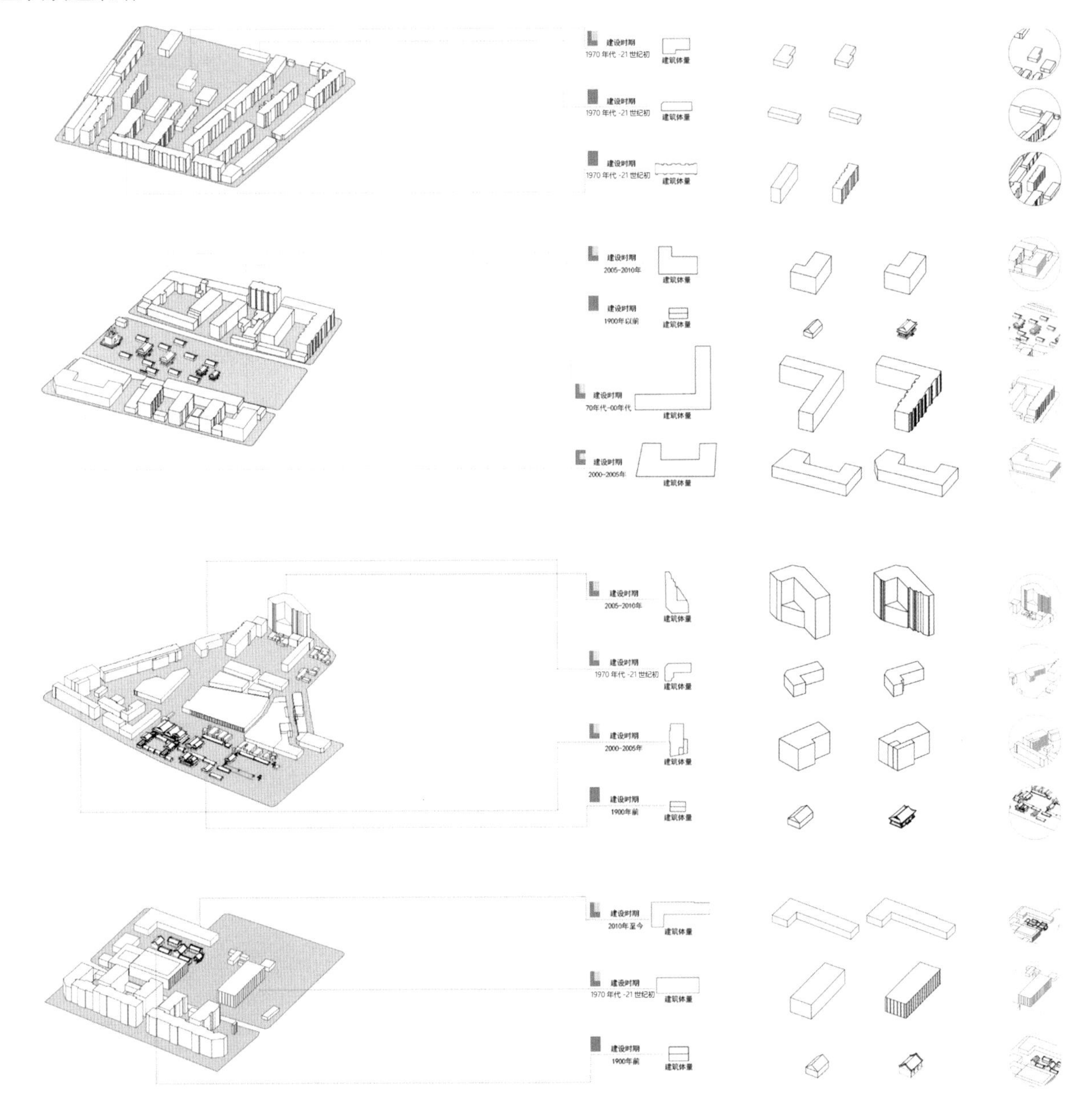
建设时期
1970 年代 -21 世纪初
建筑体量
建设时期
1970 年代 -21 世纪初
建筑体量
建设时期
1970 年代 -21 世纪初
建筑体量
建设时期
2005–2010年
建筑体量
建设时期
1900年以前
建筑体量
建设时期
70年代-00年代
建筑体量
建设时期
2000–2005年
建筑体量
建设时期
2005–2010年
建筑体量
建设时期
1970 年代 -21 世纪初
建筑体量
建设时期
2000–2005年
建筑体量
建设时期
1900年前
建筑体量
建设时期
2010年至今
建筑体量
建设时期
1970 年代 -21 世纪初
建筑体量
建设时期
1900年前
建筑体量

建筑类型分析

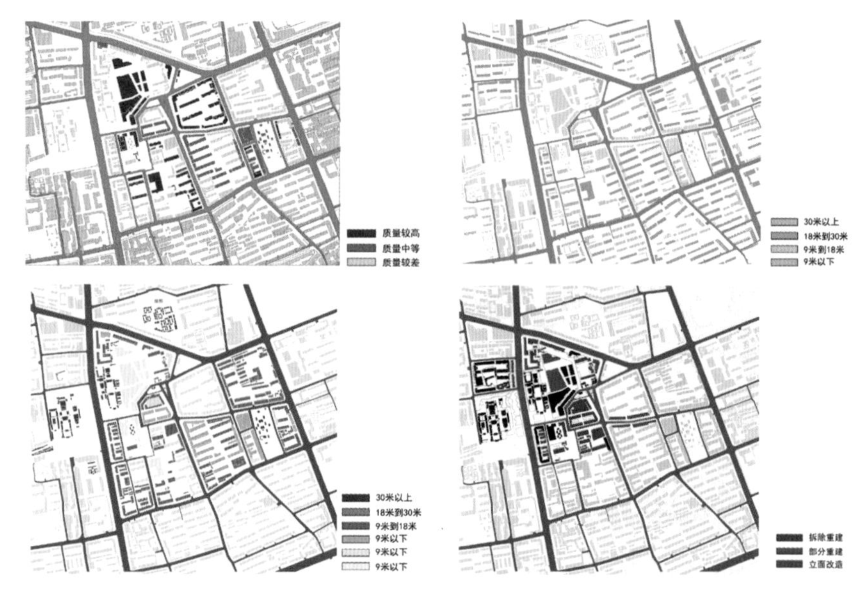

右侧表格将从各个地块提取出来的典型建筑进行了归纳总结。从表中可看出随着呼和浩特建筑结构和建筑材料的发展，地区内部各个几何类型建筑的体量大小的变化，从围合式的小合院发展到体量大、进深大、高层建筑的这种趋势。

1900 年前受到建筑材料和建筑技术制约，大部分居住建筑和商业建筑体量较小，进深和开间也较小。居住建筑大多是群体式的建筑风格，具有统一的独立院落。大部分呈现院落式布局。如今保存较完好的比如大召寺、席力图召和五塔寺等。

1900 年至 1970 年代，现存建筑很少，这个时期的建筑多采用砖木和砖混结构，主体构件大多数采用施工简便的预制楼板。形态上分为一字形和合院型的行列式排布。

1970 年代至 2000 年，改革开放时期，建筑行业兴起，但由于当时工业技术发展的局限，建造出的建筑大部分为砖混结构板楼，平面形式上一字形与 L 字形分布较多，两者结合形成半围合或全围合形态的空间。

2000 年至今，随着技术的进步，住宅楼开始采用框架或剪力墙结构。形态上以底座 + 塔楼的高层和一字形建筑形态为主。

典型建筑归纳

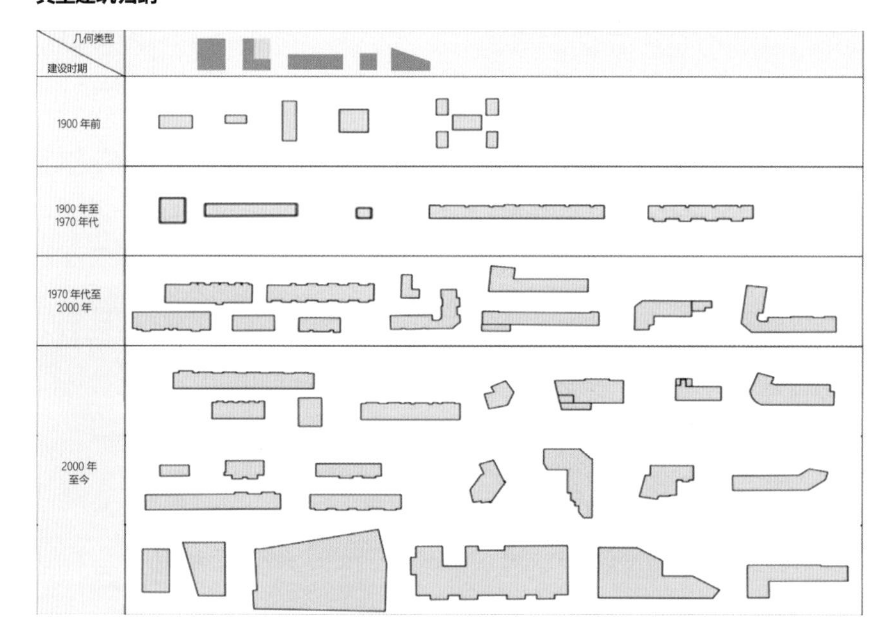

公共空间设计策略

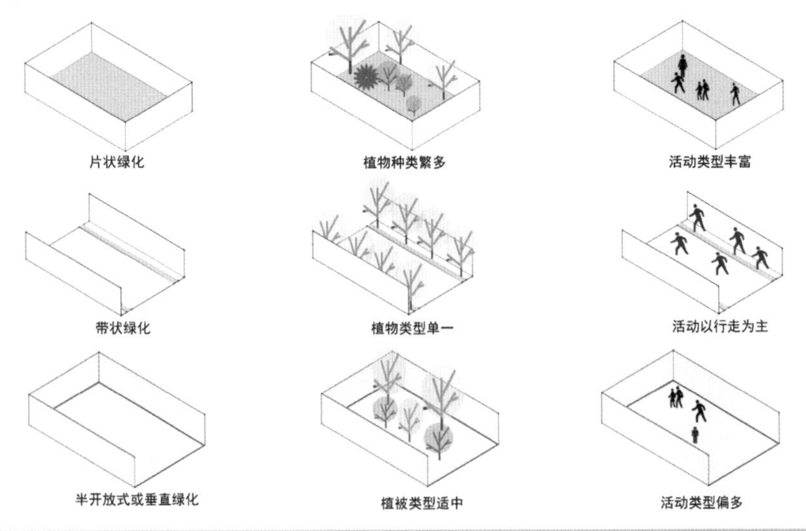

现状问题	解决意向
席力图召前广场功能设置不合理	停车功能取消，恢复宗教建筑场所精神
席力图召家庙—席力图召联系弱	通过空间&视线引导加强两者关系
大盛魁文创园活力值不足	开放广场引入人流，业态调整
小召历史氛围浓厚但历史遗留少&小召小学流线混杂	小召小学改建，小召遗址公园&小召小学迁移
石头巷两侧街面杂乱且两侧区域功能不统一	对区域功能进行理顺和调整

遗址公园设计思路：

为加强召庙文化，建立小召遗址公园。小召庙因历史原因无法复原，故参考席力图召平面布局，研究其空间院落形式，找出其空间精神，并以此作为指导进行遗址公园设计。

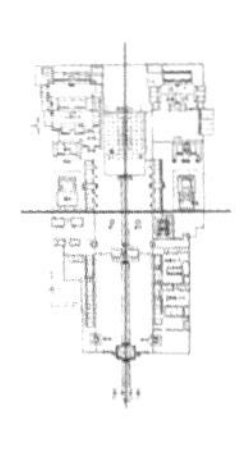

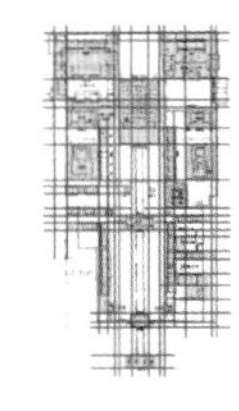

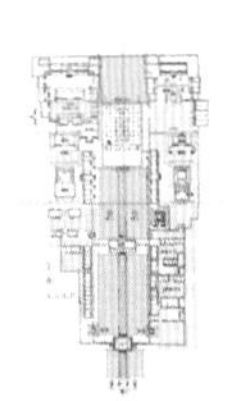

席力图召家庙设计策略

席力图召家庙与席力图召有从属关系。席力图召家庙目前是国家重点保护单位，但实际情况却不容乐观，不仅保护不当，而且家庙被周围建筑遮挡，失去了与席力图召的联系。

对于席力图召家庙的保护策略：将家庙东边的建筑拆除，形成席力图召家庙广场，不仅有效地开发席力图召家庙价值，而且增加了与席力图召的联系。

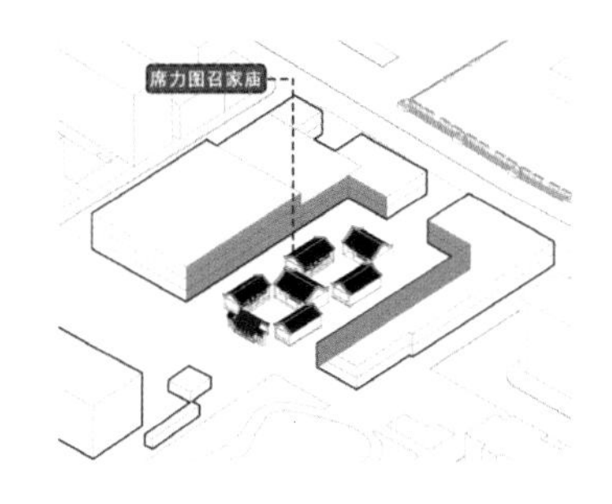

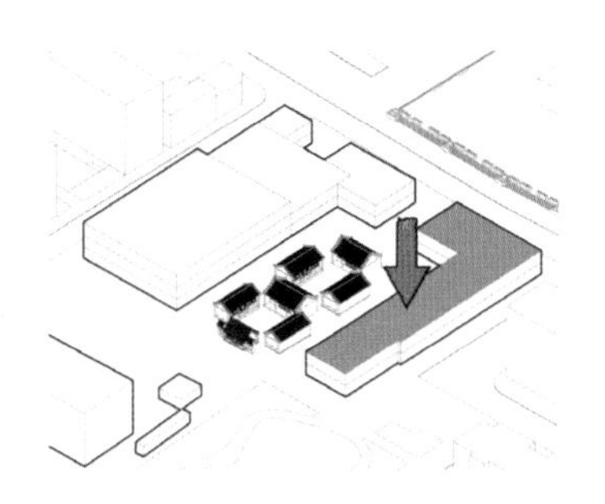

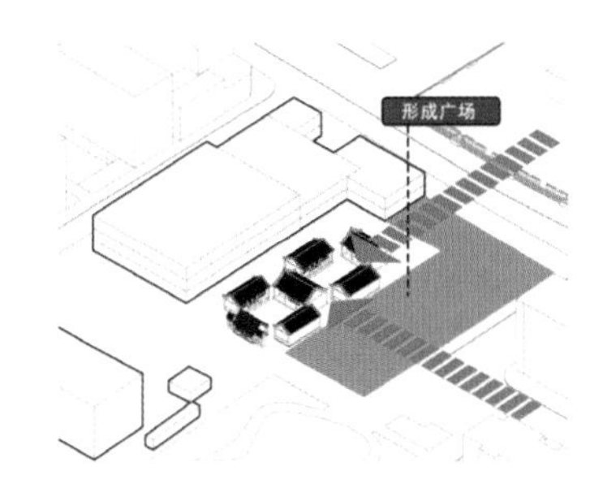

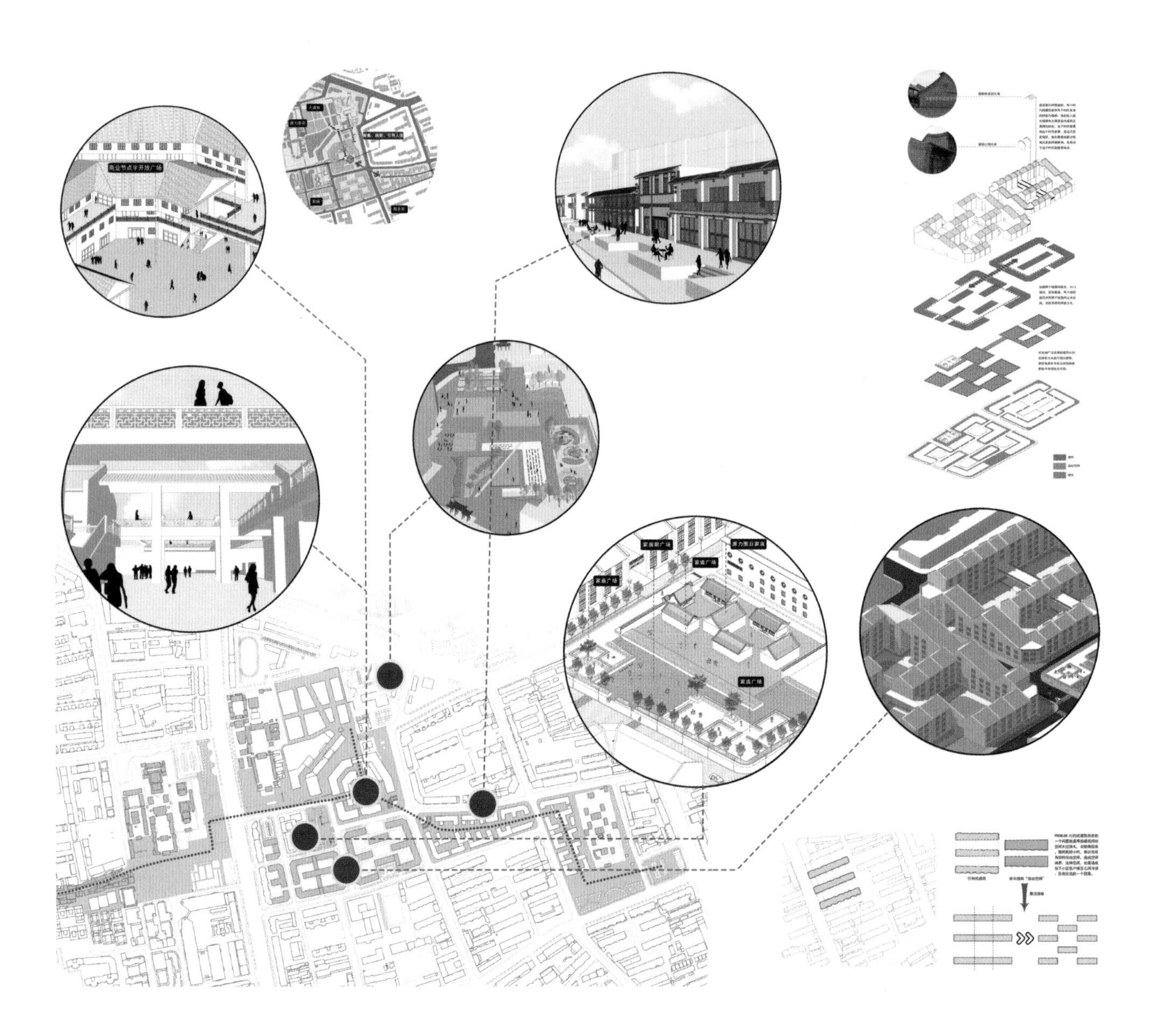
商业节点半开放广场
家庙前广场

分期战略实施计划

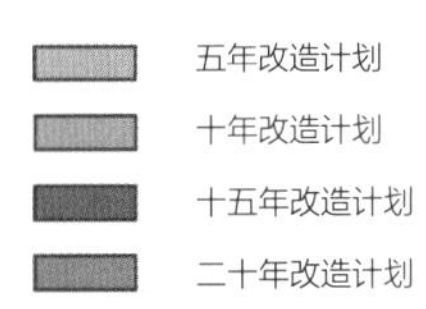

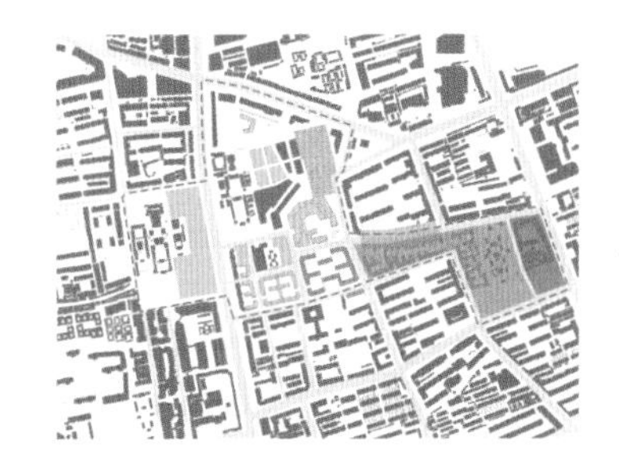

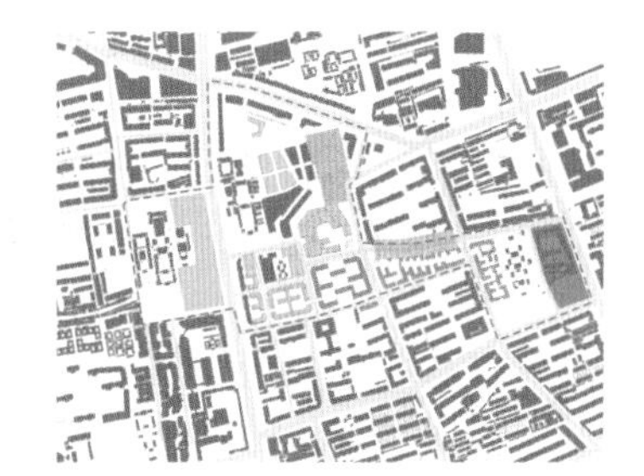

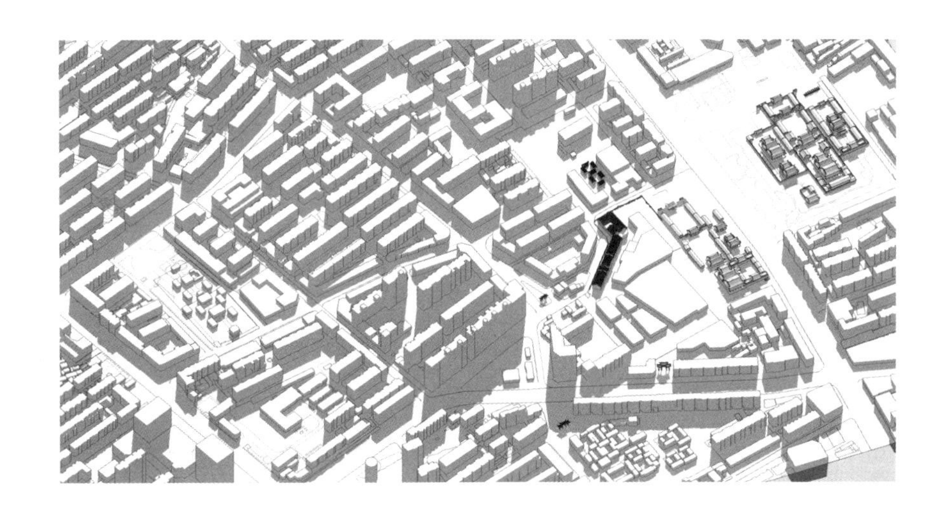

设计心得与体会

01 设计 1——召市同行

刘恒瑞

周子琴

蒙宁宁

刘玥

付聪

感悟

很感激学校能给我们这次机会去参加四校联合城市设计。近几十年来中国城市进入了高速发展的阶段，经济的快速发展和信息的爆炸式增长加速了城市的建设，但随之而来也有许多值得思考的问题。

首先，城市是在一个有界限的空间区域中由人类聚焦而形成的，各种因素互相交织影响，因此城市功能最终应该服务于居住于其中的大部分人。我们再看到我们的设计区段它主要位于“古归化城”范围内，“古归化城”即以召庙为核心，总体上采取自由式布局手法。召庙前一般设有集贸市场，商业和手工业也非常发达。“古归化城”是建于清代的军事驻防城；“绥远城”则仿照北京城的形制经统一规划而建，形成典型的“坊制”格局。但是，随着多年大规模的旧城改造，古城的古民居已荡然无存，古城风貌遭到很大程度的破坏。随着时间的推移和人类欲望的膨胀，城市与人之间的关系也发生了很多变化，城市和人之间已经出现了疏离的裂缝。过大的城市尺度，虚假繁华的街道，机械的城市布局等现象都在向我们昭示这一危机。尽管已尽量保持了原有的老城格局，但特有的空间尺度已经渐渐消失。

我们在探讨城市问题实际上是在探讨一些层面的社会问题。因此我们对“席力图召—五塔寺”区段城市改造的构想也是建立在我们理想中社会发展方向的基础上的。最后希望我们的“召市同行”是一个时间轴上行走的设计，我们为今天的呼和浩特市设计，也为了十年、一百年的呼和浩特市而设计。

过程照片

02 设计 2——老城·老街

胡佳铭

凌艺

王中樱

罗小敏

感悟

通过本次四校联合项目，本组成员更加深刻地了解了城市设计。本次四校联合结合宗教和古城，进行了非常深刻且有意义的设计。

我们通过四校之间的前期与中期交流，取长补短，发掘新的学习方法，拓宽思路；并且懂得了计划制定、时间安排、分工合作的重要性。

同时在本次设计中，我们了解到了不同院校、不同地区的建筑学、城市规划的教学特点与方式方法，学习到了不同的设计思路，见识到了其他学校优秀学子的设计，受益匪浅。

在以后的学习和工作中，我们也希望将本次四校联合设计学习到的东西学以致用，从而得到更好的设计成果。

过程照片